Ⓢ新潮新書

野口憲一
NOGUCHI Kenichi

「やりがい搾取」の農業論

新潮社

願わくは之を語りて平地人を戦慄せしめよ

柳田國男『遠野物語』より

はじめに

農業ほど不幸な職業が他にあるでしょうか？

農業は社会になくてはならないインフラです。その重要性については誰もが認めるところです。しかし、その社会的役割の高さに比べて、農業という職業に対する社会的な尊敬や威信は高くありません。言い換えれば、社会的な「価値」が、あまり認められていないのです。

前著『1本5000円のレンコンがバカ売れする理由』（新潮新書）に続く本書は、私の2冊目の著書となりますが、私は言論だけで勝負している評論家ではありません。長年レンコンを栽培している農家の長男として生まれ、現在も農業法人の役員として農業に従事している農業者の一人です。

そうした立場から、本書では日本の農業の「価値」を上げる方法、そしてその上げた「価値」を農家が自分たちのものとするための方法を考えていきたいと思っています。

私は、自分の仕事に自信がない親の元に生まれました。子供の頃から、「農業だけは継ぐな」「大学に行け」と両親に言われ続けました。そんな私にとって、農家が高い収入を得、自分の仕事に自信を持ち、社会に尊敬されるにはどうしたら良いのかという問いは、ずっと切実なものであり続けています。

農業は儲からない職業だから不幸である、と言いたいわけではありません。そもそも現在の農家は、戦前や終戦直後のように赤貧に喘いでいるわけではありません。「儲かる農業」という言葉もあるくらいですから、たくさん儲けている農家も少なからずあるでしょう。世界を見てみても、日本の農家より厳しい状況にある農家はいくらでもあります。ガーナのカカオ農家やコロンビアのコーヒー農家は、とても裕福な暮らしぶりとは言いがたい状況です。それに比べて、日本の農家が経済的に恵まれていることは確かです。

農作業の省力化も進んでいます。農業基本法（1961年）が推し進めた農業近代化を象徴するトラクターを筆頭に、農業機械の普及は農作業の辛さや大変さを大幅に改善させました。近年では、センサーやカメラなどを用いて農家の感覚器官を補ったり、ビニール施設内での環境制御を行ったりするスマート農業が流行しています。農業と言うと長時間労働のイメージがあるかもしれませんが、農業界でも働き方改革が求められており、長時間の農作業なども次第に緩和されつつあります。

最近では、アパレル業界の農作業着への参入により、オシャレな農作業着も増えました。麦わら帽子に手拭いを頬かむりしてつつましく野菜作りをしている農家イメージは最早、フィクションになりつつあります。

本書で言うところの「価値」とはお金、すなわちその農業を通して得られる経済的な利益だけを言うのではありません。生産物である農産物の価値、農業という職業や産業に宿る尊厳・威信、そして自分自身の自信や職業イメージ、最終的には農業という営みの背景にある文化的な価値までを含みます。

かつては「お米には七人の神様が宿る」と言われたりしましたが、日本の主食である米もいまや単なる食材の一つとなりつつあります。地域社会が保持していた稲作に関わる民俗なども消失しつつある昨今、その文化的な価値も年を追うごとに摩耗しています。

現在、農業という職業の社会的な役割は、「食糧生産係」です。私は、農家が単なる食糧生産係に止まらず、農業という職業に社会的な尊敬が集まり、やりがいをもって取り組めるような社会を構想したいと考えています。

そのための一番の近道は、農家が生産している農産物を「高く売ること」です。職業の威信の高さや社会からの尊敬は、その職業が産み出す商品やサービスの「値段」に直結するからです。そして、その高付加価値化は、他の産業の力を使わず「農家にしかない特有の能力」をもって成し遂げることが重要です。なぜかと言えば、近代的な農業経営が取り入れられて以降、農家固有の技術の経済的価値は、農家の手に落ちることはなく、ずっと外部に流出し続けているからです。

これまで農業の技術と呼ばれるものは、農学はもちろんとして、機械メーカーや肥料メーカー、そして種苗会社や製薬会社によって支えられてきました。農家が発見したものであっても、それは知識として農学に吸い取られ、クレジットは農家の手には残らない。結果として、農産物を生産する一農家が、自身の卓越した能力を持った職業人として社会に認められる余地はほとんど存在しない。そういう状態のまま今日まで来てしまったのが実情です。近年ではハイテク機械を用いたスマート農業どころか、完全に外部環境を遮断してフルオートメーションで野菜を生産するような植物工場が流行しています。農家は野菜を生産する能力さえも疑われそうな事態になってきているのです。

　このような時代において、農家が自分の職業に対する誇りと自信を取り戻し、外部に流出している価値を自ら保持するにはどうすれば良いのか。本書ではこのことについて語るつもりです。


　従来、農業の価値について語る「思想家」は、経済性や経営的な側面をあまり重要視しないような考え方の持ち主でした。しかし、会社役員として従業員はもちろん、家族の生活を支える立場である私にとって、経済性や経営を無視した議論はあり得ません。

また、農家の技術や技能が失われていくことを日本の農業の最大の危機だと主張する「学者」もいますが、このような主張は単なる現場についての調査不足です。現在でも農業の「核心」は、農家の持つ技術や技能にほかなりません。

　一方で、農業も国際的に市場を開放し、経営を合理化して利益を出すことが重要だと主張する「評論家」もいます。このような主張は、日本農業のおかれる国際的な位置付け、そして産業界全体における農業の位置付けを無視した、あまりにも現実離れした見解と言わざるを得ません。もちろん市場の開放や経営の合理化が重要であるのは確かなのですが、外国との競争条件の格差、農薬などの使用基準の違い、「自然」を相手にする農業の不確実性、さらには食糧安保の観点など、考慮すべき要素がありすぎて、単に市場を開放すればすべてうまくいくほど単純な話ではないからです。

私は農家としての立場の他に、社会学で博士号を獲得した民俗学者の立場としても活動しています。民俗学とは、自分自身の足下にある身近な問題についての歴史的・文化的・現代的な背景を探る学問です。本書では、農業経営に関わる農家としての活動、そして日本各地の農家を調査してきた民俗学者としての蓄積をすべて注ぎ込み、日本の農業が目指すべき方向性について考えてみたいと思います。

「やりがい搾取」の農業論——目次

第1章　構造化された「豊作貧乏」

農作物の販売価格は安値で安定しています。それは、社会の要請です。車や宝石などは高ければ高いほど喜ばれるのに、農作物は高いと文句を言われてしまう。読者の皆さんも、天候不順で不作になったキャベツが高騰していて消費者が困っている、といったニュースを何度かご覧になったことがあるかと思います。

日本の農業では、生産物は常に安値安定、もっと言えば「豊作貧乏」になることが最初から運命づけられています。大量生産と価値は反比例します。作れば作るほど、商品の価値は下がっていく。ですから、日本社会で農業を営み続ける限り、農家は半永久的に安価な農作物を販売し続けなければならない。結果的に、農家の経済規模は拡大しないし、農業は社会から尊敬されない職業になっているというのが私の見解です。

他の産業であれば、コモディティーからラグジュアリーまで、マーケットが重層的に存在しています。自動車業界では、スーパーカーとファミリーカーは同じ車であっても価格が異なるものだと誰もが認識しています。同じＨＯＮＤＡの車でも、ＮＳＸとフィットが全く異なる価格帯であることを不思議に思う人はほとんどいないでしょう。どちらを選ぶかは、消費者次第です。

しかし日本の農業界では、一部の例外を除いて、「豊作貧乏」が常識なのです。豊作貧乏とは通常、天候が農作物の生育に最も適した状態になった結果取れすぎてしまい、農作物の価格が下落し、不作の時よりもかえって農家が困窮することを言います。しかし日本社会では、天候と関係なく農家が豊作貧乏になることが既定路線になっているのです。

このことは農家だけの問題ではありません。少しずつではありますが、農家の豊作貧乏は、真綿で首を絞めるように、日本社会全体を蝕んでいきます。この構造を破壊しない限り、日本が永きにわたって維持してきた豊かな食文化も崩壊してしまいかねません。

なぜ、このような構造が出来上がってしまったのか？　第１章では、その理由について、詳しく説明していきたいと思います。

再軍備抑止と防共機能を担った農地改革

戦後の日本農業の方向性を決定づけたのは、1946年に始まり50年に完了した農地改革でした。

農地改革では、まず農村に住んでいない地主が農家に貸している農地は全部、その他の農地は一定面積を除いて、国が全部買収しました。「一定の面積」とは、北海道が4ヘクタール、その他の都府県が平均で1ヘクタールです。国が買収したその農地は、それまで土地を借りて耕していた農家（小作農）に有利な条件で直接売り渡されていきました。

今でさえ零細経営で土地を借りて広げながら農業をしている農家が多いのが当たり前。戦前、そして戦後すぐのほとんどの農家の経営面積は、今よりもずっと零細でした。ですから戦前の零細な農家は到底、自分が持っている土地を耕すだけでは食べていけず、地主から農地を借りて耕作面積を増やさなければなりませんでした。

しかも、その土地を借りる土地代（小作料）が高額でした。どのくらい高かったかというと、その借りた土地で収穫できた作物の半分を現物で、要するに水田だったら米で請求されたといいます（農地改革後は金納に変更）。

農業と関係のない方はぴんと来ないかもしれませんが、これはとんでもない高さです。

農家にとっての借地料は、レストラン等にとってのテナント料と同じです。レストランの経費はテナント料だけでなく、食材費や人件費など様々です。テナント料だけで売り上げの半分も取られてしまったら、経営が成り立つはずがありません。農業も同じです。小作農がその年に収穫できた量の半分も小作料として取られてしまったら、最低限度の生活さえも維持することが難しくなります。このため小作農の生活は貧しく、やむを得ず利子の高いお金を借りたりして、借金苦に喘ぐ人がとても多くいました。

しかも、現物納付は小作農を市場経済から遊離させる仕組みです。もし金納であれば、商売上手な農家や才覚がある農家なら生産物を高く販売して利益を出そうとするでしょうが、物納ではそれができません。一方、地主の税金は金納なので、米の相場が安い時は蔵の中に貯め込んでおいて、高くなった時に販売して利益を上げるような方法を考えることができました。

自分たちの才能や努力によって生活を豊かにする術(すべ)のなかった零細な農家に対して、地主たちは自分たちの才能や努力次第で儲けを調整できていたのです。こうして、「本間さまにはおよびもないが、せめてなりたや殿様に」とまで言われた山形県の本間家のように、有力な地主はどんどん経済的な基盤を強化していったのです。

一方、零細な農家はというと、農業だけでは生活を維持できない人がたくさんいました。このような零細な農家では、男性だけではなく女性も、子供さえも都市に出稼ぎに出なければならないことが普通でした。

このため、戦前の日本の資本家は農村から低賃金労働力をたくさん調達できました。このような安い労働力を武器にして、日本は海外の市場を獲得し、軍事力を増強し、軍国主義を展開していきました。ですから、ＧＨＱによる対日占領の実権を握ったアメリカは、低賃金労働力の温床になるような農村のシステムを破壊する必要があったのです。

さらに農地改革は、中国や朝鮮半島での共産主義勢力の拡大に伴い、防共政策としての役割を担うことになりました。農地改革によって、かつての小作農が、土地資本を私有財産として持つ自作農になったことは、強力な防共機能を持ったのです。

農地改革は、地主制度からの小作農の解放、そして零細な農業経営を維持させる構造の改革を戦前から目指していた農水官僚の思惑とも重なりました。

このような様々な思惑で展開された農地改革は、結果として土地を借りて耕すだけの小作農を消滅させ、農村の貧困を劇的に緩和することになったのです。

しかも、戦後の日本は食糧危機の時代です。なおかつ社会には復員軍人、海外からの引き揚げ者、役目を終えた軍需産業で働いていた人々など、大量の失業者があふれかえっていました。農業は、日本社会全体に食糧を供給する役割に加え、失業者を当面の間受け入れる役割さえも担ったのです。

こうして零細な農家は生きる希望を見出し、農家は社会に尊敬される職業になり、農家は次第に所得を向上させていきました、めでたしめでたし……とはなりませんでした。なぜでしょうか。

防共政策が生んだ「共産主義的価値観」

農地改革は、戦前の零細な農業経営に終止符を打ち、自らの労働力以外に何一つ財産がなかった農家に土地資本をもたらしました。農家にとって良いことずくめのように見えますが、実はこの農地改革こそ、農業が豊作貧乏に陥る根本的な要因の一つとなってしまったのです。農地改革は、農家の規模拡大を抑制し、零細農業を温存することになったからです。

そのことを決定づけたのが、農協体制です。1947年に施行された農業協同組合法（農協法）には、零細で貧しい農家同士が互いに助け合いながら、農業者の経済的社会的地位の向上を図る、という大きな目的がありました。農協法には、農地改革によって土地資本を手にしたかつての小作農が、貧しさから農地を手放し再び無資産階級に没落してしまうことを抑止する願いが込められていたのです。農協法は、その成り立ちから大きな防共機能を持っていました。だからこそ、農協は長らく保守政権の大票田として機能し、農業政策の執行役としての役割を担ったのです。

しかし、皮肉なことに農協法が施行された当初の防共機能が、結果としてその後の農業界に共産主義的な価値観を生み出し、農家間の競争を阻害してしまいました。共産主義とは、一部の金持ちが富を独占するのではなく、全ての人々が平等になるように富を再分配しようという思想です。その理想は高邁ですが、現実の共産主義体制がどのような隘路（あいろ）に陥ったかは衆目の知るところです。共産主義の大きな欠点の一つは、人々の平等に重きを置く価値観が、結果として人々の意欲を挫き（くじき）、競争を抑制し、社会の発展を阻害してしまうことにあります。

それでは、保守政権の大票田であったはずの農協（ＪＡ）は、どのような点において共産主義的だったのでしょうか。

まず、協同組合という法人の仕組み自体が平等に重きを置く組織形態です。現代社会における代表的な法人は株式会社ですが、協同組合と株式会社には根本的な違いがあります。株式会社は株の所有者である株主によって構成されています。そして株主総会での議決権は持っている株が多いほど強いという仕組みになっています。一方、協同組合の場合、組合員は出資をしますが、出資額の多い少ないに関係なく「一人一票」が原則です。株式会社の決定が持ち株の数によってなされるのに対して、協同組合の決定は組合員の総意によってなされるという仕組みなのです。

協同組合が組合員同士の平等に重きを置く組織形態であることが端的に表れているのが「共選共販」という農協体制に特有の出荷形態です。共選共販は、ＪＡの出荷場に組合員が生産した大量の収穫物を集め、選果場で共同の規格で選別して箱詰めする仕組みです。各個人の作業場で選別して箱詰めする場合もありますが、選別基準は共同の規格が用いられています。

その後、それを市場に持っていって、仲卸が買い、それを小売店や飲食店等が購入することになります。仲卸とは、市場で荷物を買って、小売店などに分荷する役割を担っている業者です。最近は他にも色々別のルートができていますが、これがＪＡを通した一番オーソドックスな農産物流通です。

それでは価格はどう決まるかというと、出荷組合単位で販売された全体の価格の平均が、規格ごとの統一価格となります。例えば、農作物で一番良い規格の一つである秀（他にはＡなどもあります）はいくら、優（秀に準じる規格）はいくらと決まっています。農家ごとの価格の違いはありません。

箱には生産者番号がついているので、この生産者の生産物は毎回特別に美味しいからこの人だけは高く買いましょうと、買い手の段階ではなっても、それが各農家の手取りには反映されないシステムになっています。中には個人の価格が異なる仕組みを持っているＪＡもありますが、一般的ではありません。

「質の統一」は農家の技術のたまもの

しかし、本来、農産物にはかなりの質的な違いがあります。最も違いが大きいのは、品種による味の違いです。他にも、土壌の状態や成分の違い、そして与える水の量や肥料によっても見た目や味が大きく変化します。

収穫してからの温度変化はもちろんのこと、作物を収穫した時の天候や外気でさえも作物の味に影響を与えます。生物の生育が環境に影響を受けることは常識ですし、作物は根っこから養分を吸うわけですから、成長過程に与えた肥料などが味に影響を与えるのは想像がつくかと思います。

そして、農家にとっては当たり前ですが、どれだけ手間をかけたかによっても味や見た目は大きく異なります。例えばブドウを思い浮かべてください。房の形は逆三角形ではないでしょうか？　近年流行のシャインマスカットやピオーネなどの高級ブドウを想像された方は、一粒一粒がゴルフボール大くらいの統一された大きさだったかもしれません。

逆三角形の房やゴルフボール大のブドウ粒が出来るのは、当たり前でも偶然でもありません。農家によって手入れされた結果なのです。どのようにしてあのような形を生み出すかといえば、成長過程に先のとがったハサミで少しずつ粒を間引いていった結果です。

花が咲き終わり、実が成り始めた時の房には、もっと多くの粒が存在しています。房にある全ての粒に養分が分配されると、一粒あたりに回ってくる養分の量が減ってしまい、ブドウは大きく育ちません。房が込み合いすぎていても、お互いの成長を阻害してしまいます。それを農家が調整しているのです。

だからと言って、ブドウは工業製品ではありません。同じ環境下で育つ兄弟が全く同じように成長するわけではないのと同じです。ブドウの成長を観ながら後々の成長を予想し、少しずつ間引いていきます。ブドウの逆三角形と大きな粒は農家の持つ高度な技術・技能、そして努力のたまものなのです。

ブドウは品種の違いが商品価格にまで影響を及ぼす数少ない品目ですし、見た目や味の違いまで考慮されていることが多くあります。品種の違いが小売価格にまで関与しているのは、ブドウのほかにサクランボ、イチゴ、リンゴなどがあります。しかし、それは農作物全体から言えば、ごく一部の品目でしかありません。ましてや、与えた肥料や土壌の成分などによる味や見た目の変化は、全くと言っていいほど相手にされていません。消費者は、違いに気づいたとしても、「今日のキャベツはいつもより柔らかくて美味しいな。ラッキー」くらいにしか思わないのです。

美味しい品種の栽培には手間暇がかかる

中には「品種の違いは種苗会社によるものであって、農家の努力は関係ない」とお考えになる方もいるかもしれません。しかし、人が食べて美味しい品種であればあるほど、育てにくいのが農業の常識なのです。柔らかく、濃厚な甘みや芳醇な香りを持つ美味しい品種は、虫や鳥や獣に狙われやすいだけでなく、細菌や病気さえも寄せ付けてしまいます。美味しい品種の作物は、生き物にとっては、効率的に生存のためのエネルギーを吸収できるからでしょう。

ですから、このような品種の作物を育てるのは、そうでない品種を育てるのと比べてずっと手間がかかるのです。しかし、このような手間は、一部の品目以外は最終的な商品価格にほとんど影響を与えていません。

農家と言っても色々です。ＪＡの出荷組合には、専業農家だけでなく兼業農家も数多くいます。専業農家は、毎年堆肥を用いて土作りをしたり、果物の栽培であれば翌年の樹勢を予想して枝を剪定（せんてい）したりするなど、日々の管理を怠りません。自分たちが産地を支えているのだという責任と自負もあり、高度な管理技術によって高品質な農産物を栽培しています。

一方、サラリーマンで生計を立てながら、小遣い稼ぎ程度に農業を営んでいる兼業農家の場合、専業農家とは農業に傾ける情熱や時間が違います。当然、栽培技術が低いため、プロとしての高度な技術や技能を要するような品種の栽培には手を出しません。

同じ兼業農家であっても、働き盛りの現役世代と、老夫婦だけで細々と農業を営む農家の違いもあります。何より、それぞれの農家個人の能力が違います。誰でも最高品質の農作物がたくさん作れるわけではありません。

それでも手取り額は、出荷組合の同一規格全体の販売価格の平均でしかないのです。必然的に技術力のある専業農家が全体の底上げを図る構図となってしまいます。その他の農家はそこに負ぶさる形です。それでも「協同組合」であるＪＡの議決権はあくまでも一人一票。経済規模が大きく、技術力も持った有力農家の意見が優先的に通るわけではありません。

兼業農家の農業収入はあくまでも補助的なものですから、農産物の売価が安かろうと高かろうと、生活に直結するわけではありません。高い技術などを要せずに栽培できる品目を、それなりの労力や資材で栽培した方が楽なのです。当然、それなりの品質の農作物をそれなりの価格で販売した方が儲かる。

中には熱心な兼業農家もいるかもしれませんが、専門のプロフェッショナル以外が片手間で従事することができるような、現在の農業構造を他の業界と比較すると、農業界の異常性が良く分かるのではないでしょうか？

技術力のない農家ほど「政治」に走りやすい

さらに言えば、部会長や組合長などのＪＡの役職は、農村における有力な政治的ポジションです。本来、全力で農業に専念しているような地域の篤農家（とくのう）がその役割を担うことが理想的ですが、このようなケースは極めて稀です。日々の農業経営に忙しくしている技術力を持った農家は、必ずしも「政治家」を目指すわけではないからです。

ですから、ＪＡには本当の意味で地域の農業を支えている農家の声が反映されにくいという構造があります。当然、彼らの意欲は削がれてしまいます。本来、共選共販は、生産技術の高い農家が生産技術の指導を行うことにより、そうではない農家の技術や技能の向上を図ることで、全ての農家の技術を平準化し、均一でなおかつ高品質な出荷物を共同で販売していくことを目指していました。零細経営が集まって、資本力の大きい企業と互角に交渉できるように、ということでできたのが、このやり方だったのです。

しかし、時代の流れとともに、農家の構成も変わってきました。ＪＡ体制は専業農家、中でも高い技術力を持った熱心な農業の担い手が損をするようなシステムに陥ってしまったのです。まさに共産主義における悪平等の弊害そのものです。

共産主義的な体質で生産された農作物でも、販売は資本主義における苛烈な自由競争に晒されざるを得ません。当たり前のこととして、差異化されていない生産物の価格は上がりません。これは農業界が長らく抱えてきた不幸でした。

農業界には、大きなイノベーションを起こせる力もなかった。イノベーションには、自由な発想や新しい価値観が必要不可欠です。これらは共産主義的な価値観が良しとされる環境では生まれにくい。競争を抑制された農業界では、イノベーションを起こせるような優秀な経営者は育ちにくいのです。

別の業界であれば、優秀な経営者のいない企業、長らくイノベーションが起こせない企業、商品に魅力のない企業は、競争の中で自然に市場淘汰されていきます。ところがJAは、保守政権の大票田であり農業政策の執行機関であったことから、農家の零細経営を保護し続けてきました。結果的に、農業界には他の産業のような強力な競争原理が働かなかったのです。

私は、JAの存在自体に意味がない、と言いたいわけではありません。JAの基本的な理念である、零細な農家同士がまとまって産地形成をし、資本規模の大きい事業体と対峙するという考え方自体にも異存はありません。商売において重要なのは品質だけではなく、数がものを言うというのも常識だからです。ＪＡが農村地域の経済・生活基盤として重要な役割を担っていることも重々承知しています。何より私自身が長年農村で生活し、農業法人の役員でもありますから、ＪＡとは切っても切れない関係にあります。

しかし今、ＪＡにもＪＡなりのイノベーションが求められているのは明らかでしょう。私は、その方向性の一つが「正当な競争原理を組み込む」ことであると確信しています。

「技術の一般化」の不幸

農業界に競争原理が働いていないことの結果として、農業に関する技術の一般化・陳腐化という現象も生じています。

普通の産業であれば、自分たちの用いる新しい技術を開発するのは、それぞれの企業に所属する研究者です。企業が自らお金を出して、生き残りをかけて必死に新しい技術を生み出している。研究部門を持たずに専門業者に依頼する場合でも、お金を出した企業が技術の使用権を独占するのが普通ではないでしょうか。

しかし、農業界でそのようなことを行っているところはごく一握り。農業技術開発の大半は、国費によって担われているのです。

また、種苗会社は新しい品種の研究開発を、農業機械メーカーは新しい製品の開発を、それぞれ自分たちで行っていますが、そうした新しい品種、新しい製品は、特定の大規模農家や農業法人に向けて販売されるのではなく、広く多くの農家に販売することで利益を上げる戦略が採られています。そして、買い手である農家は資本力に乏しいところも多いので、トラクター等の高額機械には補助金が導入されています。

技術が公共化しているということは、そこから経済的な優位性が生み出される余地はほとんどない、ということです。誰でも使える品種や技術では、競争力の源泉となる「差異」やオリジナリティを作り出せません。導入するのが早いか遅いか程度の違いしか生み出せない。

農業技術の一般化は、「農業改良普及制度」によって担保されています。終戦直後の１９４８年に制定された農業改良助長法という法律に基づく制度です。食糧危機当時の日本では、農業の生産力を上げるため、国の農業試験場などで開発された技術や、海外からの最先端の農業技術を農家全体に普及させることが重要な政治的な課題だったのです。

さらに農業界には、「農業経営学」という独自の経営学があります。ところがこの農業経営学も、必ずしも眼前で行われている農業経営のための学問とは言いにくいのです。農業技術や品種の開発と同じように、研究費の大半が国庫負担であることから、農業経営学は国の政策目標を達成することを目指しているからです。しかも、その成果は、農業改良普及制度によって公的に普及されてしまうのです。

普通の業界であれば、最先端の技術や経営理論を学ぶことは経営者の自助努力にかかっています。時にはお金を払って研究者を招聘(しょうへい)し、知識を吸収することもあるでしょう。しかし農業界では、技術や知識の伝達は、国の制度によって手厚く保証されているわけです。

実は私自身、日本農業普及学会の会員ですし、特に食糧危機当時の農業改良普及制度の大きな歴史的意義や、様々な局面で代々の農業改良普及員の方々が果たした偉大な役割は、人並み以上に理解しているつもりです。実際の農業経営においても、お世話になっている現場の職員の方がいます。

以上のことが前提ではありますが、農業改良普及制度が農業技術の一般化に拍車をかけ、農業の本来あってしかるべき適正な競争を抑制していることは明らかです。食糧危機当時に生まれたこの制度も、少しずつ初発の問題意識から自由になり、イノベーションが求められる時期にきているように思えてなりません。

大量生産農法の限界

そして、農業界全体を豊作貧乏に陥れた最大の要因は、1961年制定の農業基本法によって目指された「農業の近代化」の呪縛です。

農業基本法が目指したのは、農業生産力を向上させることによって農家の所得を増大し、都市との所得格差を縮小させていくことでした。この目標を達成させるために、需要があって商品性の高い作物を作付けすること、トラクターのような機械や農薬などの科学技術を導入し経営の合理化を図ること、面積当たりの農業生産力を向上させること、経営規模を拡大すること、などが目指されたのです。いわば生産力重視の「フォーディズム式農業」です。

しかし、農業基本法の制定からわずか9年後、1970年には減反政策が開始されました。つまり、生産物が余り始めていた。近代化による生産力を重視した農業の限界を示すものでした。

生産力重視農業の限界を示す例としては、稲以外にはコーヒーの例が分かりやすいかと思います。一昔前までは、コーヒーと言えば嗜好品であり、喫茶店で高いお金を払って飲むのが当たり前でした。しかし、今ではコンビニで1杯100円、ホテルのウェルカムドリンクやファミレスのドリンクコーナーでは飲み放題が当たり前です。

幅広い消費者が安価にコーヒーを楽しめるようになったのは、コーヒーが世界で大量に生産され、国際的に大量に流通するようになったからです。消費者にとっては喜ばしい状況かもしれませんが、安い価格で買いたたかれるコーヒー輸出国のコーヒー農家にとっては不幸でしかありません。

一度、このような大量生産・大量消費のサイクルに入ると、商品には価格を下げる方向への圧力がかかりますので、規模を拡大して大量生産を行わないとそもそも経営の維持すら覚束(おぼつか)なくなってしまいます。

人口減少時代を迎えて、国内マーケットが縮小しているのにもかかわらず、国は「スマート農業」をはじめとする大量生産農法をいまだに推奨し続けています。大手資本の農業参入が急増している今日、農業の資本主義化を進展させようという政策的な意図も感じられます。

労働コストの抑制と農産物のさらなる価格低下、そして厳しい価格競争。それに耐えることができる企業を生き残らせようという、現在の既定路線の先には何が待っているのか。大量生産による安定した安値路線、すなわち「豊作貧乏」の永続化です。

「だったら世界に売れれば良いじゃん。日本の農産物は、質が高いんでしょ？」とお考えになる方も多かろうと思います。実際、国は農産物輸出を推進しており、自由貿易交渉を促進させ、農産物にかけていた関税を段階的に撤廃し始めています。

私は、農産物輸出自体には何一つ異論がありません。実際に私自身、そのような事業に携わっています。しかし、私には「やり方が間違っている」と思えてなりません。

現在、日本の農産物の輸出戦略は「マーケットイン」です。つまり、売りやすいマーケットに売りやすい価格で販売しましょう、という戦略です。その戦略商品である日本の米については、次のようなロジックが想定されています。日本の農産物の代表格である日本の米は現状、国際相場と比べて極めて高価である。しかし、スマート農業を導入し、経営の合理化と規模拡大を図り、今以上に多収量の品種を開発すれば、価格は引き下げられる。国際的な中産階級向けの食料マーケットにおける標準的な価格まで価格を下げられれば、日本の米の質は高いので、広く世界に受け入れられるだろう。そうなれば日本農業は国際競争力を取り戻し、日本も農産物輸出大国になるだろう、と。

私はこの論理に全く共感ができずにいます。少し考えればすぐに分かることですが、このような方法では米国や中国に勝てるはずがないからです。国土の面積が違いすぎます。

さらに言えば、メイドインジャパンの神話も今は昔、中国製品の安かろう悪かろうイメージも日に日に改善してきています。技術が拮抗していたら、規模の経済には勝てない。環境に対する意識はもちろん、生産技術の向上等によって、消費者の不安の原因となる農薬や土壌の問題も次第に改善されていくでしょう。

こんな状態で中国に勝てるのか。もしかしたら、少しの間は互角の勝負ができるかもしれません。しかし、安い価格をあらかじめ想定した大量生産農法は環境負荷が極めて高いのです。持続可能な農業とはとても言えません。その価格競争の過程で美しい国土を疲弊させ、最終的な結果は見えている戦いに挑むのは、あまりに愚かな戦略ではないでしょうか。

さらに言えば、このような方法は、日本農業が永年かけて培ってきた大切な「資源」である農家の技術や技能を無視した愚かな戦略である、というのが私の見解です。

しかし、農家の技術という資源の重要性はこれまで、農業の経営・経済的には一顧だにされず、農業の経営的側面に対するアンチテーゼのような言説にばかり多用されてきました。

それでは、どうして農家の技術という大切な経営資源は軽視され、そもそも経営資源であるという認識すら持たれず、スポイルされるばかりになったのか？　そうなったのには、近代農業とJA体制の問題点を受け、その真逆(まぎゃく)の方向を目指した理想主義的なオルタナティブ農業（有機農業など、通常のやり方とは異なる手段を用いた農業）も同じような隘路に陥ってしまったという、戦後農業のパラドックスが関係しています。

次章では、その事情について語っていこうと思います。

第2章　農家からの搾取の上に成り立つ有機農業

第1章に記した通り、戦後の日本は深刻な食糧不足に陥りました。食糧確保が重要な社会的・政策的課題となりましたが、この際に導入されたのが農薬と化学肥料です。戦後すぐの代表的な農薬や殺虫剤は、ＤＤＴ（ジクロロジフェニルトリクロロエタン）、ＢＨＣ（ベンゼンヘキサクロリド）、パラチオンなどです。

戦後すぐに米軍によって持ち込まれたＤＤＴは、日本国内へノミやシラミなどの防疫用として輸入され、１９４７年からは農薬としても用いられ始めました。その後、稲の最大の害虫であったニカメイチュウやクロチンゾウ（カメムシ）対策としてＢＨＣやパラチオンなどの農薬が普及していきました。

「傾斜生産方式」による冷や飯

これらの農薬はその後、農家の環境被害や環境負荷の高さから使用が禁止されていきましたが、当時の食糧増産期においては大きな役割を担いました。農産物を害虫から守ることにより、農産物の生産性を大幅に向上させたのです。

さらに農薬は、戦時中から続いていた供出に伴う負担の緩和という意味も持ちました。戦争中の１９４２年から始まり戦後の54年まで続いた供出制度は、農家から米や麦、雑穀、そして芋などの主要な食糧を、政府が決めた価格で買い上げる制度でした。そこには農家の自由意志はありません。供出の量は農家が自分たちで食べる分を除いた全ての量とされていましたが、自家消費量は厳しく精査され、事実上、自分たちが食べる分までも供出することを求められたのです。農家に課せられた社会的な使命は大変なものでした。

殺虫剤が使用される前の稲作農家は、稲につく害虫を手でつぶしていました。その労働力は想像を絶するものだったと聞きます。特に、農作業に加えて家事、育児まで担っていた農家の母親たちの苦労は大変なものでした。

戦中はともかく戦後まで供出制度が継続された背景には、「傾斜生産方式」と呼ばれる経済政策がありました。政府は落ち込んだ石炭や鉄鋼などの工業力を復興させようと、低賃金労働力をテコにして企業の利益を創出しようとしました。低賃金労働を支えるには、安価な食糧が必要だったのです。

ですから、戦後においても供出される農産物の価格は安価に据え置かれていました。普通の市場経済であれば、需要と供給のバランスで価格が決められるのが当たり前です。食糧不足とはすなわち、食糧の需要が激増している状態を意味しますから、本来なら食糧の価格が急騰していたはずです。しかし、国民に食糧を供給する役割を担わされた日本の農業では、そうはなりませんでした。

このため、農地改革によって農地を手に入れた当時の零細農家が、改革の成果を享受する機会は著しく制限されました。だからこそ、国から大きな課題を担わされた農家の負担軽減策として、農薬が重要な役割を果たしたのです。

この普及に重要な役割を果たしたのは、１９４８年に制定された農業改良助長法によって配置された農業改良普及員でした。この仕事を担ったのは、主に農家の息子たちでした。苦労する父母たちの背中を見て育った農家の息子たちにとって、農作業の労働力軽減を重要な使命とするこの仕事はうってつけでした。同胞たちの、そして母や父の苦労を少しでも楽にしたい。そんな彼らの思いもあって、農薬や化学肥料は急速に普及していきました。

戦後の混乱期の日本においては、農家に限らずあらゆる人々が貧乏で当たり前でした。ですから、私は当時の政府の政策が間違っていたとも、普及員たちが間違っていたとも思いません。むしろ、このことで多くの日本国民の食糧が賄われ、国民を餓死から救ったのです。そのことには大きな意義がありました。

農薬、肥料、機械への依存

しかし、時がたつにつれて、農薬や化学肥料の使用は別の社会問題を引き起こすことになりました。農作物の過剰生産と環境負荷です。それに拍車をかけたのが、1961年に制定された農業基本法とそれに基づく基本法農政でした。

前述したように、農業基本法の眼目は、農産物の生産性向上と農家の所得増大によって、都市との所得格差を縮小させていくことにありました。このことを達成するために農業の近代化がうたわれ、需要があって商品性が高い作物の「選択的拡大」が推し進められました。

「選択的拡大」とは、今後、需要が伸びていくことが予想される農産物を栽培品目として選択し、生産量を増やしていきましょうという考え方です。酪農、養豚、養鶏や西洋野菜、そして果物等の生産を増やす一方、米や麦のような従来のカロリーベースの農産物の生産を減らしていくことが推奨されたのです。

永い冬の時代を過ごしてきた当時の農家は、基本法農政を喜んで迎えいれました。戦中から戦後にかけての供出と、日本経済の「傾斜生産方式」によって食わされた冷や飯。せっかく小作農から脱したのに、農地改革の成果も中々享受できない。そんな中、都市との所得格差をなくすという政策は、農家にようやく春をもたらすものでした。そして、確かに農家は豊かになりました。

しかし、その成功が次の問題を生むことになります。近代農法の結果、農業界ではさらに大量の農薬や化学肥料が用いられるようになり、農業機械も導入され始めました。当然、農薬や化学肥料、農業機械の値段は少しずつ安くなりました。農業改良助長法が制定された頃は農薬や肥料は高価で、政府の供出に合わせて少しずつ購入していたものでしたが、需要と供給がともに急増したことによって価格は大きく下がったのです。

また、農業基本法の理念に合わせ、同じ年に制定された農業近代化資金融通法の成立も大きな意味を持ちました。この法律によって、かつての零細な農家もお金が借りやすくなり、地域ごとの共同購入などで高額な農業機械を購入し始めたからです。

すでに語った通り、最初の悲劇は減反政策としてすぐにやってきました。農薬と化学肥料により稲の生産量が向上したことに加え、日本が豊かになったことや洋食化の進展により米の消費量が減りました。

しかし、最も深刻な問題は、農薬による農家の健康被害と環境汚染としてやってきました。日本では、50年代後半頃から公害問題が深刻化し、環境汚染が社会問題として認識され始めました。農業で大量に用いられる農薬や化学肥料も環境汚染の原因となったのです。農薬散布中に中毒死する農家まで出始めていました。レイチェル・カーソンの『沈黙の春』（邦訳版1974年）や『複合汚染』（有吉佐和子著、1975年）など、環境汚染に警鐘を鳴らす本がベストセラーになったりもしました。

こうして展開されるようになったのが、有機農業運動や減農薬運動、伝統農法のようなオルタナティブ農業です。有機農業は、生産者である農家はもちろん、むしろ都市の消費者主導で展開されていきました。減反政策によって将来展望を奪われた農家よりも、農薬による環境汚染や健康被害に関心を持った都市の消費者の関心の方が大きかったからです。

すぐに終わった消費者との蜜月

そうした事情から、日本の有機農業は都市の消費者の要望に農家が応える形で展開されていきました。そこでは、農薬を使わないことから発生する大変な草抜きを都市の消費者が手伝ってくれること（援農）や、都市の消費者による全量買い取り（提携）が提案されていました。

農家にとって草抜きは大変な仕事です。特に梅雨時の草抜き作業の大変さは、農家であれば誰でも知っています。大変な農作業を手伝ってもらえて、なおかつ全量を買い取ってくれる。こんなに素晴らしいことはありません。農家にとっては夢のような提案です。

しかし、夢のような提案は、実は悪夢への第一歩でした。最初は釣り合っていた援農も提携も、長くは持たなかったからです。

農薬問題が取りざたされた頃は、農薬や化学肥料を使わないで作った野菜というだけで注目されました。そもそもできるかどうかも分からないわけですから、都市の消費者も積極的に手を貸しました。農薬被害を心配する都市住民にとって、無農薬無化学肥料で野菜を作れるというだけでも価値がありました。何より、自分たちで新しい時代を切り開いていこうという強い高揚感がありました。

農作物はほどなくして、農薬なしでも収穫でき始めました。次第に、無農薬無化学肥料でも農作物が収穫できる、ということが当たり前になってきました。すると消費者は、単に無農薬無化学肥料というだけでは満足できなくなっていきます。当たり前にできることが証明されると、新しい時代を切り開いていこうという当初の高揚感はもちろん、農薬や化学肥料を使わずに栽培された農作物の価値自体が次第に失われていくからです。

すると、消費者の関心はだんだん農作物の味の方にシフトしていきました。有機農業運動に関わっている消費者だからと言って、有機農業で栽培された作物だけを食べているわけではないからです。例えば、ランチにトンカツを食べることだってあるでしょう。トンカツには必ずキャベツの千切りが添えられています。しかし、トンカツの添え物である千切りキャベツに、当時は今よりもずっと希少価値の高かったオーガニックキャベツが用いられるはずがありません。それは普通栽培のキャベツにきまっています。そして、トンカツを引き立てるという重要な役割を担うキャベツが、そんなに不味(まず)いはずがない。

手間のかかる、美味しくない野菜を、全量買い取り？

有機農業に取り組んだ農家は、何より農薬や化学肥料に頼ることなく野菜を栽培することに心を配りましたから、種として強い品種を作っています。このような品種は、味がおざなりになることがほとんどでした。先述したように、味のよい品種の栽培には手間がかかり、鳥獣害や病虫害にも弱いからです。

例えば、競馬が趣味の方であれば常識かもしれませんが、競馬用のサラブレッドは普通の馬ではなく、速く走れるように特別に交配された馬です。瞬間的には速く走ることができますが持久力に乏しく、荷役等に耐えることはできません。同じことは野菜にも当てはまるのです。

しかも、近代科学に反発した有機農業と違って、在来品種は科学の力も使って品種改良されていきますので、野菜の味はどんどん美味しくなっていきます。「無農薬無化学肥料は素晴らしい」と言って喜んでいた消費者も、次第に味の違いに気づき始めます。こうして、都市の消費者は次第に有機農業にも味の要素を求め始めました。

当たり前です。いくら健康に良いからと言っても、毎日味気ない健康食品だけ食べていられるわけがありません。人々が食に求めるのは安全安心だけではないからです。農作物は食べ物ですから、美味しくなければ意味がありません。いくら健康に気を使っている消費者でも、時にはジャンクな食べ物、ラーメンやハンバーガーが食べたくなるのが人情でしょう。

さらに言えば、近代農業からできるだけ距離を置くことを志向していた初期の有機農業では、ビニール資材などを極力用いませんでした。暖房設備等とも距離を置いたので、温度によって収穫量を調整するようなこともできません。結局、収穫できるのは旬の農作物だけ、という結果になります。

それでも、栽培が難しかった頃はともかく、有機栽培でも当たり前に栽培できるようになると、大量の野菜が収穫できるようになりました。特に夏野菜の代表格であるキュウリ、ナス、ピーマンなどの果菜類は、毎日毎日収穫できる状態にまで育つようになりました。

しかし、無農薬無化学肥料だからと言って、毎日毎日キュウリ、ナス、ピーマンだけ食べていたら飽きてしまいます。しかも、収穫技術が確立されてからは、収穫できる農作物の量が増えていきました。大量に収穫される農作物の全量買い取りが、次第に消費者の金銭的な負担となっていきました。

栽培技術が発展途上にあった頃の有機農作物は病虫害などにやられていましたが、生産量が増えるにしたがって、少しずつではあってもマーケットは拡大していきます。そうなると、消費者は有機農業が始められた当初の原理主義的な人々だけにはとどまらなくなります。当然、近代農法で栽培された野菜に比べて虫食いの多い、有機のナスやキュウリの全量買い取りをあえて続けようという消費者の割合は減っていきます。しかも、休みの日には畑作業ではなく別の趣味を楽しみたいという消費者は増え続けていきます。消費者は選択権を持っていますから、有機農業で栽培された野菜だけを購入し続ける必要性に疑問を持つようになります。

こうして、無農薬無化学肥料で農産物が生産できることが普通になると、消費者は味にまで関心を持つようになり、援農や提携は次第に形骸化していきます。結果どうなったか。無農薬無化学肥料に伴う農作業の大変さは、一方的に農家に押しつけられることになったのです。

共産主義イデオロギーの呪縛

さらに言えば、日本の有機農業運動は、反権力や共産主義イデオロギーとセットで展開されたことに特徴があります。これは、有機農業をめぐる「最大の不幸」でした。

有機農業との関わりにおいて最も有名なのが、いわゆる「成田三里塚闘争」です。成田三里塚闘争とは、1966年に政府閣議決定によって開始された農地の強制収用と空港建設に対する反対運動です。

70年代半ばから有機農業の取り組みが始まった成田は現在、地域全体で有機農業が根付いており、全国から新規就農の若者たちが多く集まる「有機農業の聖地」となっています。その発端は、空港反対派の若手農家と、反対運動に伴って全国からやってきた運動家が中心となって始めた有機農業の試みでした。

70年代は、いわゆる東西冷戦構造下です。60年代後半の全共闘運動や第二次安保闘争、70年代に始まる日本赤軍などの新左翼過激派の台頭など、当時は反権力的な社会運動が盛んに行われており、全国に多くの活動家が存在していました。

市民運動が理由で成田にやってきて、農業に飛び込んだ元活動家たちは、空港建設反対だけでなく政府の推し進める近代農業にも疑問を感じ、農業の中でも反体制の論理を貫くことを目指しました。反権力の象徴として、有機農業を選択したのです。

冷戦体制下の反体制派が信奉していた共産主義は、人々の間の平等を追求するために計画経済を理想とする思想です。ですから、農業の場合、生産者同士はもちろん消費者と生産者も平等だという考え方に傾きます。だからこそ、無農薬無化学肥料で農作物を栽培することによって発生する労力を分担する（援農）とともに、農作物の全量買い取り（提携）という生産者と消費者の平等を重視した考え方が生み出されたのです。

援農や提携が形骸化していったこと、すなわち生産者と消費者の平等原則が破綻したことは既に述べましたが、実は生産者同士の平等原則も破綻していきました。

第1章で記したブドウの例のように、高度な技術を要する作物は、誰でも平等に栽培できるわけではありません。生産物の出来は、生産者が野菜作りにつぎ込む努力はもちろん、何より個人の能力に比例するのです。ですから、同じ作物を作っていても、出来上がった農産物の品質には大きな差が生まれるのです。

農家にとっての農業は趣味ではなく、あくまでも生活の糧を得るための職業でありビジネスです。自分の農作物を消費者に選んでもらわなければ生活ができません。平等を原則にしていても、消費者に生産物を売る以上、結局は競争が生み出されることになるのです。

自由競争を旨とする資本主義的な考え方であれば、生産するのに大変な労力がかかるのなら、あるいは価値の高い商品を作ったなら、「高く売りましょう」となるのが常識でしょう。しかし、有機農家のベースには共産主義的な価値観がありましたから、生産者である農家の側から、マーケティングで超高級ブランド農産物を作ろうという発想は出てきません。消費者に安く生産物を提供しないと、「全ての消費者が平等に買えないなんておかしい！」となるからです。

バブル時代も安値販売は変わらず

80年代後半になると、有機農業をめぐる状況は大きく変わります。国際的にビジネスベースで有機農産物マーケットが生まれてきたのです。これまでは社会運動だったものが、市場経済の中に取り込まれていきました。

誰だって、農薬をかけないで栽培した農作物とかけた農作物があったとしたら、前者を選びたくなるのが人情でしょう。資本はそこに可能性を見出しました。流通大手や食品産業だけでなく、有機農業を営む農家向けの商品を扱う農業資材企業も参入してくるようになります。有機農産物を巡る総合的なエコシステムが構築され始めたのです。

この結果、有機農産物は安全で、なおかつ環境に優しく、しかも美味しいというイメージが次第に作られていきましたが、その販売価格は栽培するのにかかる手間暇に比べて（何度も繰り返しますが、美味しい品種の栽培には本当に手間がかかるのです）、そんなに高くはありませんでした。もちろん、「まぁ普通の野菜よりは高く買いますよ」くらいにはなりますが、それほど大きな価格差はない。農薬については、危険性が社会的に認識されたことから使用基準が厳格化されたり、毒性や蓄積性の低い農薬が開発されていったこともあり、両者の差はかつてよりも縮まっていたことも、価格差に大きな差がない理由です。

しかし、有機農産物市場が形成され始めた80年代は、バブル経済真っ盛りの時期でもあります。当時の日本はアメリカをもしのぐ程の経済力を持ち、にわか成金であふれ返っていました。価格の高いものこそ価値がある、とみなされるような風潮もありましたし、海外での日本人による高級ブランド品の爆買いが話題になったりもしていました。

有機農産物はそんな時代に市場経済にうって出ていったのですから、有機農業が高度なビジネス性を持った産業として成立するチャンスはいくらでもあったはずです。「これは高い価値を持ったものですから、高く買ってください」と訴えれば、世間がそれを受け入れる可能性は大いにあった。にもかかわらず、共産主義的なイデオロギーに呪縛されていた有機農産物は、普通の農産物に毛の生えたような価格で取引されてしまったのです。しかもこの「提携」モデルは、海外の有機農業にも取り入れられ、CSA（地域が支える農業）等の源流として世界に広がっていきました。今や「提携」は"TEIKEI"として、有機農業界におけるグローバル用語にさえなっています。オーガニックの世界的な市場が確立されて久しい今日、共産主義の色を帯びて展開されていった日本の有機農業運動が、結果として世界の有機農業を営む農家にまで与えた悪影響の罪深さは計り知れません。日本の有機農業は、消費者と生産者の理念的な平等を目指すよりも、高度な商品性を持った有機農産物を作り上げるべきだった、というのが私の考えです。

農薬による環境汚染はもちろん、成田空港建設に伴う強制立ち退きに対して已むに已まれぬ思いから立ち上がった運動家や、立ち退きを強引に要求され、生活のために有機農業に活路を見出そうとした当時の農家を批判するつもりは毛頭ありません。それでも、当時の有機農産物は、もっともっと高額で販売されてしかるべきだったと思います。

「減農薬運動」の意義と限界

都市の消費者から始まった有機農業運動と時を同じくして始まったのが、福岡県で起こった減農薬運動です。この運動を始めたのは、福岡県筑紫野市の農家である八尋幸隆氏と、福岡県職員（農業改良普及員）であった宇根豊氏でした。

１９７８年、新聞紙上に農薬中毒により農家が死亡する事故が掲載されたことがきっかけで、農薬の過剰散布に疑問を抱いていた八尋氏と、農家が主体となった農業の必要性を感じていた宇根氏が出会い、減農薬の米作りを始める運動がスタートしました。後に彼らの運動は全国的な広がりを見せ、現場と行政を動かし、米作りにおいて減農薬を常識とさせるに至る道筋を作りました。

減農薬運動は、都市の消費者主導で展開された有機農業運動と違って、農業側から起こった運動であった点に特徴があります。とりわけ、この運動の旗振り役となった宇根氏は、思想的なバックボーンの役割も担いました。宇根氏は２０００年に福岡県庁を退庁し、現在は自身も「百姓」を自称して「伝統農業」を実践しながら、農業思想家として数多くの著書を執筆しており、農業界きってのオピニオンリーダーの一人となっています。

減農薬運動が農家中心の運動として展開していった背景には、宇根氏が長崎県島原市の養鶏業を営む農家の息子として生まれたこともあります。宇根氏は、かつては農家によって担われていた伝統的な農法が、機械力を中心とした近代農法に置き換えられて、農家の主体性がだんだんと失われていく様を見てきました。

宇根氏は、近代技術が農家の仕事に対する喜びや楽しみ、そして主体性や矜持を奪ってしまったと主張します。そうした農家の主体性や矜持をもう一度取り戻そうという意欲が、宇根氏の考えには強くにじんでいます。

私は宇根氏と同じく農業に携わる者として、減農薬運動を通して彼が成し遂げたことの偉大さ、先進性、農業に対する愛情、そして何より日本中の農家と農業の行く末を憂う志の高さを心の底から尊敬しています。しかし、減農薬運動が結果的に陥ってしまった隘路については指摘しておかなければなりません。

減農薬運動によって米栽培の減農薬を常識にまで押し上げた宇根氏ですが、福岡県庁を退職した頃から、よりラディカルに自然や環境を大切にした農業の重要性を主張するようになります。また、経済至上主義的な現代の農業に警鐘を鳴らし、農業の持つ非経済的な側面をより重視し、ある種の理想的な農業のひな形を伝統農業の中に見出していくようになります。近代技術がもたらされなかった頃の農法に着目することにより、環境調和的で、なおかつ農家（宇根氏の言葉で言えば「百姓」）が主体となった農業を構想するわけです。

宇根氏は「農業」を資本主義的な経済至上主義の中で生み出されたものと捉えます。一方、土を耕して作物を育てる営みを「農」と表現し、この「農」の重要性を説いています。宇根氏の言う「農」とは、宇根氏に限らずオルタナティブ農業を構想する思想家や研究者の中で流行している概念であり、用語です。論者によって微妙な違いはありますが、「農」とは、野菜を「生産する」といった言葉の中にある人間中心主義的な考え方を批判し、農業の主体を農作物や田畑周りの生き物等に据える考え方です。重要なのは産業化した「農業」ではなく、こちらであると捉える考え方です。

単に金儲けのために農作物を「生産」するのではなく、作物の声を聴き、作物に寄り添って成長を助けること。さらに、水田での稲作を通じて赤とんぼを育て、菜の花やカエルやメダカなどの生き物にも心を寄せること。こうした環境調和的な生業こそが「農」であるというのです。

宇根氏は、経済成長と自由競争を不可避とする資本主義の考え方は「農」（≠農業）と相いれないものだと主張します。その上で、いわゆる農本主義を自身の見解とシンクロさせ、その現代的な復権を主唱しています。

このように「農」と「農業」とを対比させ、「農」を称賛する一方、近代技術を取り入れた「農業」の経済性を軽視する考え方は、宇根氏に限ったものではありません。有機農業論者はもちろん、農業における経済性を軽視したり、経済性を度外視して環境保護を訴えるような、多くの思想や研究にも見られる傾向です。

そして、このような思想は、「正しい」「本来あるべき」農業の姿として語られるところに大きな特徴があります。実際に農業を営んでいる農家の声を代弁しているかの如く主張されてもいます。しかし私は、実際に農業に携わる立場ながら、このような主張に違和感を抱き続けてきました。端的に言えば、あまりに経済性や経営的側面を軽視していることに、違和感が拭えないのです。

「赤蜻蛉（とんぼ）　筑波に雲も　なかりけり」。正岡子規が歌った筑波山を間近に仰ぐ茨城県かすみがうら市に育った私は、赤とんぼの美しさ、自然の大切さは痛いほど分かっていいます。現代社会では、かつてないほど自然環境への関心が高まっています。人はパンのみにて生くるものにあらず。経済性を重視している農家であっても、赤とんぼが飛び、蛍が舞う環境で農作業を営んだ方が心地よいのは分かりきっている。

しかし、農業で生活を立てている農家、特に専業で農業を営む農家は、その生業によって飯を食わなければなりません。しかも、飯だけ食っていれば生活が成り立つわけでもない。子供たちを教育し、大学に進学させ、時には家族と外食をし、旅行にも出かける。趣味のゴルフにお金をつぎ込みたいと思ったり、たまには奥さんにブランドバッグでも買ってあげたいと思うこともあるかもしれない。仮に農家が大金を稼ぎだしたいと思ったとしても、何ら間違いではないはずです。

草創期から有機農業に携わった農家では、「親父の考えにはついていけない」と息子が出て行ってしまったというような話がゴロゴロしていました。近年でも、２００８年のリーマンショックに端を発した新規就農ブームで、有機農業や自然農、もしくは伝統農業などに惹かれて就農した人がたくさんいますが、そうした農家では「奥さんがついていけずに出て行ってしまった」などという話もよく聞かれます。理想とロマンだけで生きていける本人はともかく、そこについていかなければならない家族にとっては災難以外の何物でもありません。

環境保護の観点から「持続可能性」を声高に喧伝する思想は、農家の経済的な持続可能性にはほとんど関心がありません。しかし、農業が職業である限り、その職業を通して家族の生活を守り、自己実現を果たし、自信を持ち、子供たちが親の職業を尊敬するようになる方法を考えることは重要ではないでしょうか。

現状の環境主義的な農業言説は、既存の有機農業家、そして有機農業や伝統農業に希望と可能性を見出して飛び込んでくる新規就農者たちからの「やりがい搾取」を事実上、正当化する役割を担っている、というのが私の考えです。

右も左も自由競争を遠ざけた

もちろん、現在では極端に偏ったイデオロギーに基づいて営まれているオルタナティブ農業はそんなに多くありません。2001年にJASの有機認証制度が出来、06年に「有機農業の推進に関する法律」が制定されるなど、有機農業も次第に資本主義経済の中に取り込まれていきます。ですから、JAS認証をとっている生産者は法律で許される範囲内で、そうでない生産者も自分たちの考え方に合わせて、様々な資材を使っています。

しかし、やはり私は、ラディカルに有機農業や自然農などを実践する生真面目な農家ほど生活に困っている、という印象を持っています。結果的に何が起こったか。それは有機農業などのオルタナティブ農業に従事する農家と、近代農業に従事する農家の間の分断と不毛な対立です。近代農業にしろオルタナティブ農業にしろ、苦労してきたのはどちらも一緒です。その苦労の差は程度問題でしかありません。にもかかわらず、お互いがお互いをなかなか認め合えずに貶し合う状況は不幸です。

第1章では、農協的な農業が保守政権の票田として機能する一方、共産主義とまではいわないものの、競争を抑制する仕組みになっていることを語りました。そして当初は反権力とセットで展開されたオルタナティブ農業の代表格である有機農業は、共産主義的なイデオロギーを伴って進展してきました。日本の農業は従来、保守も革新も農業の内部に競争原理を積極的に組み込もうとしてこなかったわけです。

資本主義における自由競争の最大のメリットは、競い合うことを通して互いが成長していくことです。過剰競争は確かに歪を生み出すことがありますが、農業界では過剰競争どころか、競争自体がほとんど肯定されてこなかった。近年は個人経営とJA体制のセットよりも農業法人が大きな潮流になる傾向がありますが、他業界の熾烈な生存競争に比べれば、まだまだ牧歌的な雰囲気を残しているというのが、私の印象です。

高品質な農作物を育てるには、作物への愛情はもちろん、何よりも高度な技能や技術が必要です。イデオロギーは関係ありません。「考え方は気に入らないが、あいつの実力はすごい」ということは、農家であれば誰でも思い当たるはずです。農業の価値の源泉は、農家の有する技能・技術なのです。

これは有機農業や伝統農業だけに限りません。実は、最先端の科学技術を用いた「植物工場」でさえ、同じことなのです。

第3章　植物工場も「農業」である

「植物工場で育てた野菜に農家の愛情なんて関係ないでしょ」とお考えになる読者が大半かもしれません。しかし、さにあらず。この章では、カイワレ大根や豆苗、ブロッコリースプラウトなどのスプラウト野菜を主に育てている会社（三和農林株式会社）の「植物工場」を事例として取り上げます。農業において、農家の高い技術や技能はもちろん、植物に対する「愛情」がどれほど重要であるか。一般に「科学的」「機械的」に野菜を作っていると思われている植物工場においてすら事情は同じであることを示せば、そのことがお分かりいただけるかもしれません。

植物工場でのカイワレ生産

「植物工場」という言葉の響きから頭の中に想像されるのは、清潔ながらも無機質な環境で野菜が完全オートメーションで生産されているイメージではないでしょうか。実は私自身、調査に赴いたこの会社で話を聞くまでは、同じようなイメージを持っていました。

植物工場のイメージをもう少し具体的に見ると、以下のような感じではないでしょうか？　外界から完全に閉鎖された空間の中で、日照の代わりにＬＥＤライトが用いられ、センサーを用いて自動的に水や肥料が提供される。温度や湿度の管理はコンピューターで制御。育った野菜はベルトコンベアで運ばれ、機械によって自動的に袋詰めされる。商品が出来上がるまで、人の手はほとんど加えられない。

実際、三和農林の「植物工場」では、最先端の科学技術がたくさん用いられています。それでは、手始めに三和農林でのカイワレ生産の手順を説明したいと思います。

まず、種子を流水で水洗いした後に、種子の消毒を兼ねて次亜塩酸ナトリウムを溶かした50～60度のお湯につけることで種子を膨潤（ぼうじゅん）させます。この後、種子を機械式の播種（はしゅ）機（写真1）で、バージンパルプの培地（写真2）を敷き詰めたケースの中に蒔き、18度以下の温度に設定された発芽室に移して発芽・発根させます。発芽室に種を入れておく期間は、カイワレ大根とブロッコリースプラウトが一昼夜、豆苗は5日から1週間程度と言います。

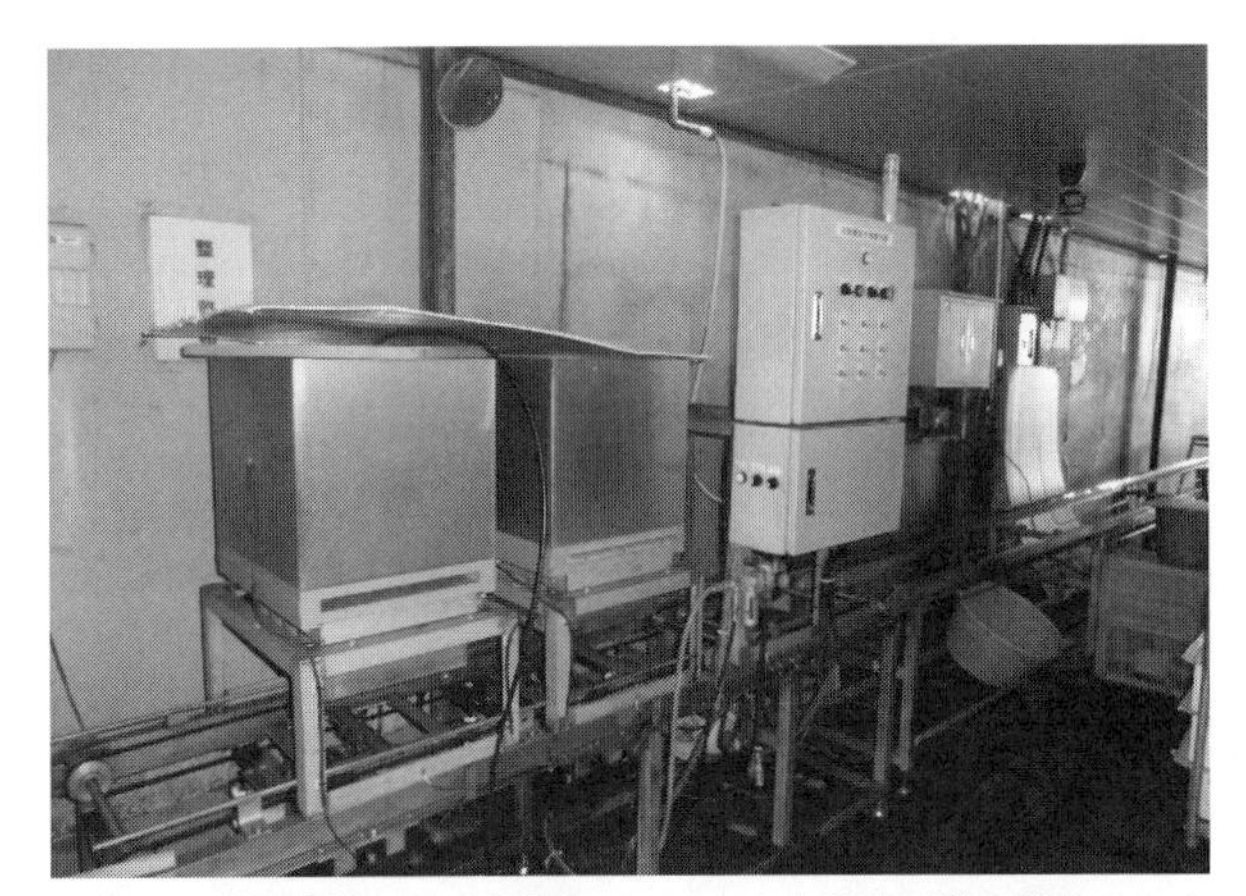

写真１　自動種蒔き機。右側奥のレールから培地が敷き詰められたトレイが流れてきて、写真左側のボックスの中に仕込まれた種が自動的に蒔かれる。

写真２　培地用のバージンパルプ。

発芽室で発芽した後は、大型のビニール施設内に移動され、液肥を与えるとともに、太陽光を浴びせたり、梅雨時などはLEDライトを用いて成長の補正を行います。

カイワレ大根やブロッコリースプラウトは5、6日、豆苗は8〜10日ほどで、出荷できる状態まで成長します。出荷できる状態になった後は、成長抑制のために冷蔵庫に移動して10度以下の予冷にかけ、全てに金属探知機を通した後に、機械（ベルトコンベア式梱包機　写真3）を用いて包装して出荷するという経緯をたどります。

この他、ハウスでの生育期間、収穫した際、予冷にかけて金属探知機を通した後に、抜き打ちでサルモネラ菌や大腸菌など食中毒の原因となるような細菌が付着していないか検査します。この際、食中毒の原因となる細菌が1個体でも見つかった場合は、全てのカイワレ大根が廃棄されることになります。

このように、かなり自動化されてシステマチックに作業手順が構成されており、牧歌的な雰囲気は何一つありません。それだけではありません。三和農林には、研究施設や研究室さえ設置されており、作物に影響を与える細菌についての生物学的な研究や、品種に関わる研究も行っています。

さらに、「株式会社」という法人格がついていることからも明らかなように、経営主

写真３　ベルトコンベア式の自動梱包機。左側から右側にケースが流れてパッケージされる仕組み。

体は個人ではなく法人です。資本規模も大きく、家族だけが役員になっている個人経営の延長というわけでもありません。資本主義的な性格は極めて強く、生産過程においては工業的性質が、販売や流通においては商業的性質が、濃厚に表れています。一般の方の感覚で言えば、「農業」ではなく「植物工場」を用いた「野菜生産販売事業」と言った方が適切ではないかと思います。

かくも人が関与しない農業生産では、生産物に対する愛情なんか宿るはずがない、と思う方がほとんどではないでしょうか？　私自身、最初はそう思っていました。

農業か工業か

ですから、三和農林に初めて出向いた時、その思いを質問としてぶつけてみました。答えてくれたのは、三和農林に勤務する花岡博治氏です。

花岡氏は現在は営業部門の取締役部長職にありますが、入社当初から農場担当の社員として勤務し、社内の2部門の農場長を経験しています。15年ほど前に自分が育てた農作物を販売したいと配置転換を申し出て、営業職に回ったという人物です。

三和農林の施設は「植物工場」に当たるのか。以下は、花岡氏に社内を案内してもらいながら尋ねた時のやりとりです。

野口　こういうのって「植物工場」って言われ方するじゃないですか？

花岡　そしたら先に現場を見てきたほうがいいかもしれない。畑を見に行きましょう。

野口　それは「畑」って言うんですか？

花岡　そのために見てもらいたいんですけれども、閉鎖的ないわゆる植物工場とは全然違う、あくまでも太陽光があって初めて成り立つ農業なんですよ。それは多分、現場で見てもらえば分かると思うんですけどね。

花岡氏は、私が「植物工場」であると考えた現場を「畑」であると表現し、三和農林の事業を「農業」であると言いました。現場を見てもらえば分かるという花岡氏ですが、写真4、5を見てもお分かりいただけるように、誰がどう現場を見ようと畑には見えません。しかし花岡氏は、「太陽光」があってこそ初めて成り立つから農業なのだ、と主張します。

私には「太陽光」を用いるか否かがどうして農業と植物工場との間の分水嶺になるの

か全く分かりませんでした。閉鎖式の施設で、一部の環境制御としてＬＥＤライトを用いているところなど、三和農林の設備はどう見ても畑には見えません。

カイワレ大根は、レンコンのように大きく育つ作物ではないので、ＬＥＤライトの光量で充分ではないか？　ＬＥＤライトと太陽光の違いは何なのでしょうか。

野口　カイワレ大根とかブロッコリースプラウトは、例えばレンコンと違って小さいものじゃないですか。素朴な感覚では太陽光じゃなくてＬＥＤでも大丈夫なんじゃないかと思うんですが、そんなに違いますか？

花岡　太陽光でやったのとは全然違います。何が違うかって言ったら、やっぱり自然で、太陽光をいっぱい浴びた時の葉っぱの形、色。今はＬＥＤも使いますが、本当に作物に合っているかっていったら、私はまだまだ全然、研究が進んでいないと思ってるんですよ。今、実際にうちで実験はしています。大体の目安は付いているんですけども、それだけ難しいっていうことなんです。

植物工場は儲かってないっていう話、よく聞きませんか？　儲かる理由がないんですよ。ああいう閉鎖式な植物工場、将来のことを考えれば意味はあるかもしれないけ

写真４　LEDライトを使った生産設備。レーンが３段あり、下の２段はLEDライト、最上段は太陽光が当たるようになっている。レーンは回転し、すべての段を通過するように設計されている。

写真５　大型ハウス内に敷き詰められたカイワレ大根。

ど、今、日本でやる必要はないと思うんですよ。
そもそも、なんで太陽出てるのに太陽光を使わないいんだか、意味がよく分かんないでしょう？　太陽光の方が植物にとって断然良いし、しかも太陽光はタダなのに。

植物工場という名称ではありませんが、水耕栽培は昭和40年代にはすでに存在した技術です。これが「植物工場」という名称で知られるようになったのは、東日本大震災以降、津波によって潮が乗ってしまった農地の塩害対策、放射能に汚染された農地の対策、地域の雇用の受け皿として期待された頃からでした。その後、安倍政権が推し進めた「攻めの農業」に端を発して、「儲かる農業」という言葉が人口に膾炙し、ハイテク技術を用いたスマート農業が流行するにしたがって、植物工場はその可能性を喧伝されてきました。

ただ、社会的な注目度や期待度に比べて経営的には難しいとされ、大きな成功事例はあまり見当たりません。この理由の一つは、高額の設備投資に比して得られる利益が少ないことにあります。花岡氏が太陽光とＬＥＤライトでは全然違うと言う背景には経営的な理由もあることは分かりますが、既に述べた通り、三和農林ではＬＥＤライトをはじめとして、数多くの科学技術を使用して農作物を生産しています。
花岡氏の説明を聞いても、太陽光を用いるか用いないかは「程度問題」にしか思えませんでした。ですから、氏が「農業」と「植物工場」との違いを、単に経営的な理由から太陽光を用いるか否かによって判断していないことは明らかです。

農業の本質は「変化への対応」

そこで私は、質問の仕方を変えてみました。

野口　農業と工業との違いってなんだと思いますか？　あとは、農業とは何かというのを教えていただけたらと思うんですけど。すごく観念的なことをお聞きして恐縮なんですが。

花岡　日々の環境が全然違いますので、そこが一番大きいんじゃないですかね。農業は、それにいかに適応していくかってことじゃないですか。太陽次第でやってる限りは、日々、違う天候の中で違った管理をして当たり前なんですよ。

野口　そうですよね。天候って変化しますからね、毎日。

花岡　そう。毎日、環境が違うわけだから。そこに尽きるんじゃないですか。それは多分、魚の養殖してる人も同じですよね。養豚だったり牛だったり。それは似てるんじゃないですかね。我々は、その日の天候だとか気温だとか、植物の成長に合わせて何でもやらなきゃなんないですからね。

「農業」と「工業」との違いは何か、農業とは何かという問いかけに対して、花岡氏は「(農業とは) 日々異なる環境にいかに適応していくか」であると答えています。作物は生き物であるため、日々の環境や成長に合わせて、日々刻々と状態や姿を変化させています。

このことから、花岡氏にとっての「太陽光」とは、農作物そのものはもちろん、環境や天候など、様々な「変化」を象徴しているのだということが分かります。ここでようやく私は、花岡氏の言う「農業」の本質が、変化に対する対応力にあるのだということが理解できたのです。

種の育った環境への対応

このことは、太陽光のような外的環境への対応力に限りませんでした。生産物そのものへの対応力も必要だったのです。

野口　（カイワレ大根は）ずっと同じ産地のものを使っているんですか？　例えば、中国だったら中国の特定の産地とか。それとも、それも移動するんですか？

花岡　産地は目まぐるしく変わります。

野口　そこの気候条件を調べたりはしますか？

花岡　もちろん、それは基本ですよね。どこの種っていうのは、ラベルに書いてあるんで。

野口　ということは、もしかして同じ種類のカイワレ大根の種でも、種の産地によって特性が違ったりして、栽培まで変わってくるんですか。

花岡　そうです。違う。変えないと駄目です。やっぱり、種になる前に育った環境がもともと違うわけですから、それが種になった時に出てくるんですよね。そのクセを持っちゃいますから。その環境に適応しようとしますんで。

だから、そういう情報は頭にインプットしておいて。でも、「ここの種だからこういうふうにしなくちゃ駄目」っていうんじゃなくて、その都度、実際の成長を見ながら。そういえば、「これ、ここの種だよね、水が今足んねえのか」とかね。

それが分かんないと、例えば「今、思ったように育ってねぇな」っていう状況、原因が分かんないじゃないですか。「今まで使ってた種だと、ここでもっと根っこが出るはずなのに。今まで使ってたのはオーストラリア産だけど、今度の種、イギリス産だからかな」とか。そうすると、種が育った環境が違うよなっていうのが分かってくるんですよ。

カイワレ大根の生産者は種を大量に使用することから、種の産地は一定ではなく常に変動していると言います。種を扱う商社が、世界中の生産地から発芽率が高く品質の良い種を仕入れているそうです。

花岡氏は使用する種の生産地を必ず調べると言います。それは、同じ品種であっても、種が育った環境が違えば成長過程の環境に適応したごくごく微細な違いが生じているからです。しかし、微細ではあっても、この細かい違いが重要なのだと言います。これが判別できないと、水を吸わない理由であったり、発根や発芽が遅れる要因を想像することができません。温度管理や水管理は、植物の状態に応じて行うことになるため、種の育った環境のような細かい情報まで事前に想定する必要があるということです。

ですから、温度管理や水管理、すなわち冷蔵設備の設定温度の上げ下げや自動天窓の開け閉め、水のバルブの調整などの最終的な判断は、人が行っているのだと言います。コンピューターを用いた完全自動管理では、細かいポイントに対応した微妙な調整は難しいということなのでしょう。

そもそも、種の産地に応じた水管理や温度管理の方法も絶対的で明確な基準があるわけではなく、最終的には主観的な判断に基づいているというのです。私の知る限り、一般的な農業では、種の生育環境のような極めて細かい情報には着目しません。

コントロールされているように見せる技術

しかも、微細な変化への対応力は、種の産地による違いだけでなく、生育過程においても求められます。

野口　カイワレの育ち方っていうのは、やっぱり個性がありますか？

花岡　あります。各々性質が違うんですよね。いかに凄い理論やデータがあって、こうやってやれば良いというのがあっても、実際には種一つ一つに個性があるので色々、変わってきますよね。少なからず。

野口　ようするに、根本的に、植物を完全コントロールするなんて考え方自体がナンセンスだってことですか？

花岡　そうだと思いますね。

野口　じゃあ、コントロールされているように見えるのは、そう見えるだけだってことなんでしょうか？　カイワレ大根のパックの中をよく見たら、確かに長さ、違いますし。

花岡　はい。そういうことです。種一個一個、個性があるわけですから。それをいかに、揃ってるように、コントロールされてるように見せるかも一つの技術ですから。一番いいタイミングの時に、一気に伸びるように仕向けますからね。素人がやったら、カイワレ一本ずつの長さがそれぞれ変わります。まず揃わないですよ。

花岡氏は、カイワレ大根の成長にも個体ごとの個性があるため、データや理論の積み重ねだけでは対応できないのだと言います。一個体当たりの経済的な重要性が低いカイワレ大根のような野菜であっても、生産者が一個体単位の個性に着目していることに驚きました。

私が注目すべきと思ったのは、パック内一本一本のカイワレ大根の長さが揃っているように見えるのは、偶然ではないということです。それは、全てのカイワレ大根の成長が全く同じであるかのように「見せる技術」の賜なのです。ここで重要なのは発芽室の中での管理方法で、企業秘密ということで教えてはもらえませんでしたが、全てのカイワレ大根が一定の長さで伸びるようなタイミングを見極め、調整するのだそうです。

一般的に、通常の畑作で栽培する大根やキャベツやブロッコリーのような野菜の場合、発芽が遅い個体は、畑地に植え付ける前の種の培地の時点で間引いてしまいます。種から苗を作らず、苗を購入してくる場合は、苗として販売される前にすでに間引きの作業が行われています。しかし、カイワレ大根の場合、培地に蒔かれた種は、基本的には全てが温存されて「正規品」として完成されることになります。

成長が遅い個体や弱い個体を間引く作業は、種を蒔く個数が少なく、長い期間をかけて成長を見ているから行うことができますが、カイワレ大根などのスプラウト野菜の生産では量的な観点から実現不可能です。このため、発芽しない種も含めて、成長の遅い個体、あるいは成長の早い個体などの全ての個体と向き合う必要があります。結果として、ごくごく細かい植物の個性の違い、細かい変化にさえ着目する必要が出てきます。ですから、花岡氏にとっては植物自体が絶え間ない変化を伴う自然環境の象徴であるのです。

見た目の美しさや味、そして棚持ちの長さなど、様々な規格をクリアしつつ、常に変化を続ける自然環境に対して、事前に決まった作用しかもたらさない科学技術を用いて対峙しなければならないことから、植物についてより意識的になることが求められているわけです。このことから、科学技術は植物と人との関係を希薄化させるどころか、むしろ、その間を縮める方向に作用していることも分かります。言い換えれば、自然環境をより意識的に捉える努力をしないと経営的にも成り立たない、ということなのでしょう。

カイワレと「会話」できる感性

それでは、このような高度な技術や技能は、どこから生まれてくるのでしょうか。

野口　お話をお聞きしていると、かなり高度な技術だなぁ、という印象なんですが、それはどうやって身に着けていくんですか？　普通のいわゆる農業と比較して考えれば経験の蓄積かなぁって思うんですけど。カイワレを物凄く観察しているわけですよね？

花岡　仰る通りです。例えば、カイワレって昼間に葉っぱ開いて、夜また閉じるんです。それで次の日また葉っぱ、開くんです。太陽が出始めた時に覗きに行ったりすると、太陽が上がってくる瞬間に急に開くんです。それで、あれだけの数があると、双葉が剝がれる時に音がするんです。

その時はね、よく作物と会話するとか、野菜と話するとか言うかもしれないけども、ちょっとそういう会話というか、「なんか訴えかけてきてるんだな」って感じがしましたよね。パッ、パッ、みたいな。耳を澄ますと、聞こえてきたんですよ。

いかに頭良い人たちでも、机上で農業やってる人たちには、それは絶対体験できない。我々みたいに、いつでも「今、カイワレどういうふうになってるのかな」って思うやつだけが、そういうふうなのに出会えるんであって。

カイワレ大根は昼間に光合成をするために双葉を開き、光合成の必要がない夜間には双葉を閉じています。この際、閉じられた葉と葉の間に水分があるカイワレ大根は、表面張力によって双葉同士が張り付いています。

太陽が昇ることでカイワレ大根が日の光を浴び始めると、大量に並べられた双葉が一斉に開き始めます。この時に、水の表面張力によって張り付いた双葉が剝がれる際に音を立てることがあるそうです。多くのカイワレが同じ場所に集められているため、同時に双葉が開く音が何重にも重なるからです。このような場面は本当に一瞬ですが、その一瞬に立ち会うことができるほど、カイワレ大根のことを観察し続けているわけです。

ただ、花岡氏はカイワレ大根が発する音を聞く時の感覚を「会話」であると表現しているわけですが、どれだけ永い年月をかけてカイワレ大根を観察し続けようとも、常識的に考えれば言葉を話さないカイワレ大根と言葉を交わすことは不可能です。このため、私には花岡氏が、単純に観察やカイワレを栽培する経験の蓄積の重要性だけを主張しているわけでもないように感じたのです。さらに、「机上で農業やってる人たちには、それは絶対体験できない」という言葉からは、氏の強い自負が感じられます。

そこで次のように尋ねてみました。

野口　もの凄くカイワレを観察しているのは当然分かったわけなんですけど、なんとなく、それだけではないような感じを受けますが。

花岡　うちの施設って、ロケーションがものすごく良いんですよ。ビニールハウスが9棟並んでますよね。向こうの田んぼのほうから、凄い良い風が中を通るんですよ。カイワレにとっては、それが最高。気温も日照もあって、そよ風が吹いてるような環境が、一番理想的なんですよ。

野口　風は、病原菌を飛ばすとか、そういうことですか？

花岡　そうじゃなくて人間と一緒ですよ。科学的に言えば、植物の生理かもしれないけど。でも、人間が例えばハウスに入って気持ち良いとか、気持ち悪いとかってあるじゃないですか。私は、そこが重要だと思ってるわけですよ。ハウスに入った時に、そよ風吹いてたら気持ち良いじゃないですか。

暑いんだけども、そよ風がヒューッて吹いたら。そういう意味です。入った時にむっとしたら、カイワレはもっと、むっとしてると思うんですよね。気持ち良いなっていうふうに思ったら、多分カイワレも気持ち良いと思ってるはずなんですよね。

そういう考え方っていうか、植物の見方っていうかね。同じじゃないかなっていうね。我々がきついと思ったら、もっときついと思ってるんだろうしね。気持ち良いと思ったら、多分気持ち良いと思ってるんだろうし。

花岡氏は風によって病原菌が吹き飛ばされるというような、科学的な解釈に対して満足していないようです。花岡氏は、科学的な観点はもちろん大切ではあるものの、何より自分自身が「ハウスに入って気持ち良いとか、気持ち悪いとか」という感覚こそが重要なのだと言います。

植物工場が失敗する理由

花岡氏の語りからは、植物を人間と共感可能な存在として捉え、植物の立場に立とうとしていることがうかがえます。私なりに解釈すると、重要なのは理屈だけではなく、同じ生き物としての人間と植物との一体感であり、そのことを可能にする感性なのだ、ということでしょう。いわば科学的な基準のみに基づいてカイワレ大根を見ているのではなく、心を通して見ているわけです。

　私の質問に対して花岡氏ははっきりと答えます。

野口　そういう植物との一体感というか、いわば感性みたいなものが重要っていうことですか？　そこが農業には重要だと？

花岡　最近、植物工場でレタス作ったりね、色んなことするけど、どこも成功例がほとんどないじゃないですか。いくら金かけて大規模な施設を造ったりしても。結局ああいうものって、いくらハードを充実させてもソフトがないとできるわけがないんですよ。

　我々はいつでもカイワレを見に行くような人間の集まりですから。うちだけじゃなくてね、業界は。だからそういうところが違うのかなって。根本的なところはいくら愛情を注げるかっていう問題だと思うんですよね。

　あんまり言うと悪口になっちゃいますけど、植物工場ってどこでも失敗してるわけじゃないですか。それは何が足んないかって言ったら、多分、ハートがないんだと思うんですよ、ようするに愛情。植物に対する。だから、なかなか成功例が出てこないっていうのは、恐らく私はそういうことなんじゃないかな、って感じはするんですけどね。

だから、何で失敗するかって言ったら、ハードは金出せればできるけども、大事なところはソフト。そのソフトの部分なんですよ、私が言う農業者っていうのはね。しかも、このソフトは売ってないんですよ。そのソフトを持ってるかどうかが、我々、百姓たる、農業者の一番重要なところだと思ってるんですよ。

花岡氏は、農業にとって重要なことは、その設備の規模にあるのではなく、何よりも「ソフト」なのだと断言します。氏の言う「ソフト」とは、農作物に対する「愛情」にほかなりません。ここが農業の核心であるというのが、氏の主張なのです。

花岡氏は植物工場が成功しない理由を、「ソフト」が存在しないからであると語ります。ならば、植物工場が成功するための鍵は、「農家のソフト」をどれだけ事業の中に組み込めるかにある、ということでしょう。仮に栽培管理がＡＩ（人工知能）に代替されるようなことがあったとして、その中に農家の持つソフト、すなわち植物への愛情を充分に取り込まなければ、うまくは行かないだろうということです。

花岡氏は、農場長から営業職に回った現在でも、植物への愛情は全く変わらないと言います。

野口　今は営業をされてるわけじゃないですか。その農家としてのソフト、愛情だとかハートの部分は生きてますか？　あるいはそんなこともないですか？

花岡　我々は、うまく作るために、例えば夜中出てみたり、売ったものを市場まで行って見たり、そういうところだと思います。菌が出た時の対応一つにしても、気温が上がった時の対応一つにしても、夜中にカイワレがどういうふうな表情をしているのかを知らないと駄目だってこと。それを知ってるかどうかっていうのが差になるっていうことなんです。

例えば大企業K社なんか、当時もの凄い金出して、最新のカイワレ工場を建ててたんですよ。圧倒的に設備的には良いんです。でも我々の商品には、かなわなかったんですよ。

これは私が若い頃の話なんですけど、築地の促成っていったら、もう日本有数の売り場なわけですよね、１位か２位かっていうぐらいの売り場なんだけども。うちは入ってなかったんですよ。そこで売らないと話になんねぇなってことで、何度も通ってて。

ある時、促成の担当者に大企業K社のカイワレを持って行って、「これ、明日から多分入荷量ガクッと減って、4、5日したら入荷ゼロになりますよ。騙されたと思って、うちのちょっと取ってみたほうが良いですよ」って言ったんです。案の定、次の日から出荷量が減って、全然出荷がなくなったんですよ。

何でかっていうと、雑菌が増えてるせいでバラバラなカイワレだったんですよ。それを無理して出してるわけです。「じゃあ、ちょっと、騙されてもいいや、三和農林さんのも入れていいよ」って。その時、初めて入れさせてもらったんです。

そのぐらい、我々現場の人間が、死ぬほど自分で腐らせてますから。だから、こういうふうな状況になると駄目なんだなと。こういうふうになっちゃうと、ほぼ1週間は駄目だよな、ってすぐ分かるんですよ。雑菌ってすぐにはなくならないですから。同じ環境で作っていれば、一回雑菌が入っちゃうと、もうその次のやつも全部（雑菌が）入ってるわけですから。

私は、我々が売った先の冷蔵庫の中まで、カイワレがどうなってるか、そこまで考えているんです。

野菜の見た目も美しくする文化

有機農業であろうと植物工場のような栽培方法であろうと、農家としての高い技術や技能、そして植物への愛情が重要であることがお分かりいただけたでしょうか。

このような植物に対する捉え方、すなわち農業観は何も農家の中にだけ存在しているわけではありません。このような感覚は、文化として社会全体に存在しているというのが民俗学者としての私の見解です。その証拠として、日本のスプラウト野菜の代表格であるカイワレ大根と、アメリカのスプラウト野菜を比較してみてください（写真6、写真7）。

アメリカの売り場の写真にうつっているのは、さやえんどう（snow pea）とひまわり（sunflower）のスプラウトです。カイワレ大根とは作物の違いはありますが、着目していただきたいのは、その形状です。本章で花岡氏との語らいを通して述べてきたことからも分かるように、カイワレ大根が整然とした長さに揃っているのは単なる偶然ではなく、農家の技術の結晶なのです。食物としての合理性のみを追求すれば、アメリカの売り場のようなカイワレ大根でも別に構わない。しかし、購入意欲をそそられるのはどちらでしょうか？　日本人であれば考えるまでもなく、日本のカイワレ大根型の形状を選ぶに違いありません。

このカイワレ大根に象徴されるように、日本では見た目の美しさまで重視した野菜がスーパーに並べられ続けてきました。日本の農家は、見た目の洗練さえも追求し続けてきたからです。結果的に、それこそが我々日本人にとっての農作物のイメージとなりました。見た目の美しい農作物が絶えず当たり前にスーパーに陳列され続けることによって、その商品イメージが消費者にまで浸透しているのです。

もちろん、消費者はカイワレ大根の作り方の違いなど知るはずがありません。しかし消費者は、見た目も美しい野菜を選択して購入するという消費行動を通して、知らず知らずのうちに農家の作物への眼差しを受容し、野菜という商品に対する審美眼を形成してきました。平たく言えば、我々日本人はこのような価値観をいわば文化にまで昇華させてきたわけです。

しかし、このような農家と消費者が共有する価値観こそが、実は農家にやりがい搾取を強いてしまう原因なのです。

写真６　日本のカイワレ大根。（写真・三和農林提供）

写真７　アメリカのスーパーで売っているスプラウト系野菜。

第4章　日本人の仕事観が「やりがい搾取」を生む

なぜ見た目まで美しい農産物を求めるという、農家と消費者が共有している価値観がやりがい搾取につながってしまうのでしょうか。それには、日本の古くからの特徴的な働き方が関係しています。

かつて日本には労働は存在しませんでした。どういうことかと言いますと、実は日本にかつてあった働き方は「労働」とは異なるものだったのです。ここではこれを「仕事」と呼びたいと思います。「一緒じゃねぇか！」という突っ込みがありそうですが、労働と仕事は異なる概念です。

労働という言葉には、「強制労働」という言葉があるように、生活や給料のためにやりたくもない作業を無理やりやるというイメージがつきまといます。明らかに働くことに対するマイナスイメージを含んでいます。

一方、仕事という言葉にはプラスのイメージが含まれます。「仕事人」という言葉から受ける響きを思い浮かべてみてください。その言葉には、自分の仕事にプライドを持ち、なおかつ社会にも認められているというプラスのイメージが含まれているはずです。

伝統的な日本社会における働き方は、労働ではなく「仕事」でした。この働き方の存在が、皮肉にも農業にやりがい搾取をもたらしてしまうのです。

日本が輸入したヨーロッパの労働観

日本は明治維新以後、欧米から技術を学んで国力を増強させようとしてきました。いわゆる富国強兵です。西洋からは、近代的な技術はもちろん、彼らの価値観を構成している様々な概念も輸入しました。例えば、福沢諭吉が liberty という英語から「自由」という訳語を、西周(あまね)が philosophy から「哲学」という言葉を作ったように、西欧の概念は徐々に日本でも広まっていきました。

日本にはこの時、ヨーロッパから「労働」という働き方ももたらされました。要するに「働くときは全身全霊で働く。そこに遊びを持ち込むなんて怪(け)しからん」という価値観です。ヨーロッパにおける労働がこのような価値観だったのは、古代からヨーロッパにおいては労働とは奴隷が行うことだったからです。ドイツの政治哲学者であるハン

新書がもっと面白くなる

2022

1月の新刊

新潮新書

毎月20日頃発売

新潮社

〒162-8711 東京都新宿区矢来町71 TEL.03-3266-5111 https://www.shinchosha.co.jp

1月新刊　4点刊行!

「やりがい搾取」の農業論

野口憲一

●836円 610935-5

構造化した「豊作貧乏」から脱し、農家が農業の主導権を取り戻すためには何をすればいいのか。民俗学者にして現役農家の二刀流論客が、日本農業の成長戦略を考え抜く。

イクメンの罠

榎本博明

●858円 610936-2

鈍感、不真面目、頼りない——ここ数十年、子どもの父親に対するイメージは悪化し続けている。教育心理学者が父性機能の低下と自立できない子どもの増加に警鐘を鳴らす!

日本の近代建築ベスト50

小川格

●880円 610937-9

建築は、時代と人々を映す鏡である——日本で近代建築が始まって約100年。現存するモダニズム建築の傑作50を選び、豊富な写真とエピソードとともにプロが徹底解説。

日本依存から脱却できない韓国

『新潮新書』好評既刊

全点を収録した「解説目録」を書店にて配布中です。

大反響！ 70万部突破!!

ケーキの切れない非行少年たち

宮口幸治

●792円 610820-4

認知力が弱く、「ケーキを等分に切る」ことすらできない――。人口の十数%いるとされる「境界知能」の人々に焦点を当て、彼らを社会生活に導く超実践的メソッドを公開。

ジョブズはわが子にiPadを与えなかった?!

60万部突破！

スマホ脳

アンデシュ・ハンセン

久山葉子［訳］

●1078円 610882-2

うつ、睡眠障害、学力低下、依存症……最新の研究結果があぶり出す恐るべき真実。教育大国スウェーデンを震撼させ、社会現象となったベストセラー、日本上陸。

●表示価格は消費税（10%）を含む定価です。 ●ISBNの出版社コードは978-4-10です。

好評既刊

佐々木和義
●858円 610938-6
ジャパン」を掲げたが、被害を受けたのは韓国の方だった　衣食住に浸透する日本ブランドの強みとは？

大坂城 秀吉から現代まで50の秘話
北川 央
●924円 610932-4
日本一のドラマティック・キャッスルにまつわる歴史秘話。

ヒトの壁
養老孟司
●858円 610933-1
84歳の知性が考え抜いた、究極の人間論！

官邸は今日も間違える
千正康裕
●946円 610934-8
欲しかったのはこれじゃない！コロナ政策の謎に迫る。

平成のヒット曲
柴 那典
●946円 610929-4
ヒット曲は、いかにして時代の心をつかんだのか——。

最強脳 『スマホ脳』ハンセン先生の特別授業
アンデシュ・ハンセン
久山葉子［訳］
●990円 610930-0
親子で読める！「脳力強化バイブル」上陸。

コロナ後 ハーバード知日派10人が語る未来
佐藤智恵編著
●1056円 610931-7
激動の時代を賢く生き抜くための書。

独身偉人伝
長山靖生
●814円 610925-6
世界を変えた「おひとりさま」それぞれの流儀。

談志のはなし
立川キウイ
●836円 610926-3
最も長く身近にいた弟子が秘話を綴る！

中国「国恥地図」の謎を解く
譚 璐美
●968円 610927-0
海洋進出、覇権主義——すべての起源はこの地図だった！

職務質問
古野まほろ
●924円 610928-7
元警察官の著者が描く〈街頭の真剣勝負〉の全貌。

アホか。
百田尚樹
●792円 610921-8
ベストセラー作家が鋭くツッコむ、92のアホ事件簿。

ビートルズ
北中正和
●858円 610922-5
なぜ彼らだけは例外なのか。音楽評論の第一人者が迫る。

世界の知性が語る「特別な日本」
会田弘継
●792円 610924-9
日本人が心に刻むべき、先人たちの達成の記憶。

楽観論
古市憲寿
●968円 610918-8
危機の時代を、悲観的にならずに生き抜くための思考法。

中国「見えない侵略」を可視化する
読売新聞取材班
●858円 610919-5
経済安全保障を揺るがす脅威を総力取材！

決定版 大東亜戦争（上）
波多野澄雄　赤木完爾　川島 真　戸部良一　松元 崇
●902円 610913-3
「あの戦争」を正しく呼称せよ。

決定版 大東亜戦争（下）
戸部良一　赤木完爾　庄司潤一郎　川島 真　波多野澄雄　兼原信克
●946円 610914-0
なぜ終戦の決断は遅れたのか。

●表示価格は消費税（10%）を含む定価です。　●ISBNの出版社コードは978-4-10です。

ナ・アレントは、主著『人間の条件』の中で、古代ギリシャ以来のヨーロッパ的な労働を概観した上で、次のように述べています。

「労働することは必然〔必要〕によって奴隷化されることであり、この奴隷化は人間生活の条件に固有のものであった。人間は生命の必要物によって支配されている。だからこそ、必然〔必要〕に屈服せざるをえなかった奴隷を支配することによってのみ自由を得ることができた」（『人間の条件』１３７頁）

要するに、労働とは生活するための必要性に迫られて、嫌々ながらもするしかない単なる苦役だということです。

それでは、ヨーロッパで実際に労働に従事している人々には、労働の楽しみがなかったのか。私にはそうは思えません。どんな辛い日常の中でも希望を見出して生きるのが人間だからです。労働を単に必要性に迫られた奴隷的な活動であると一方的に決めつける超越論的な視点は、あまりに上から目線でしょう。それでも、労働の中に楽しみを見出す考え方は、ヨーロッパ社会の支配的な価値観とはなりませんでした。

ヨーロッパは階級社会として成立したこともあり、近代化以降もこの考え方は大きく覆されることはありませんでした。身分が低い人の労働観を掬い上げて言語化し、それを支配的な労働に対する価値観の中に組み込むということにはならなかったのです。貴族にせよ資本家にせよ、労働者を雇用している人にしてみれば、労働者は労働に楽しみなど見出さず一心不乱に働いてもらった方が「合理的」だと考えたからです。

このように、日本が輸入したヨーロッパの「労働」には、必要性に迫られた「苦役」の考え方が根強く存在しており、労働に従事する労働者に対する差別意識が根強く存在していたのです。

温存される働き方の価値観

一方、日本では、ヨーロッパ由来の労働観がかなり根付いた現在でさえ、勤勉に働くこと、額に汗して働くことは美徳であるという価値観が明らかに備わっています。それは、労働に対しての差別さえ含んだ強烈なマイナスイメージとは全く異なる価値観です。この理由は様々ですが、その一つは伝統的な日本社会の働き方が「労働」ではなかったことにあります。

伝統的な日本人の働き方は、ヨーロッパ社会における労働のような必要性に迫られた苦役ではなく、「遊び」の要素を含んでいたとされます。このような働き方が「仕事」

です。民俗学では、現在の日本でも農業や漁業のような自然を対象とした仕事の中には、このような古いタイプの働き方が残っているという研究がなされています。

農業のような自然を対象とした仕事は、他の産業よりもはるかに古くから存在しているため、古いタイプの価値観がより強く温存され続けてきたのでしょう。もちろん農業は色々な面で他の産業より近代化のスピードが遅れていたという面もあります。

ただ農業ではもう一つ大きな理由として、雇用労働者の多い他産業とは異なり、日本の農家が零細な家族経営だったことが挙げられます。雇用労働者でないなら、雇用主から強制されることもない。強制されなければ、どのように働こうと自由です。

しかし、仮に雇用労働者ではなく事業主であったとしても、働くことが楽しいのは「自由意志が存在している時」です。労働に限らず、どんなに楽しい趣味でも、強制されたり、生活のために何が何でもやらなければならなくなったりすると、楽しくなくなってしまう。

人並みの生活をしていくためには、ある程度の収入が必要です。現代社会の大半の職業においては、楽しいというだけでは生活が成り立ちません。お金を稼ぐためには、社会の要求に合わせる必要があります。野菜の出荷時間を農家の都合に合わせていたら、スーパーの野菜売り場が混乱してしまいます。いくら自然を相手にしている職業だからといって、晴耕雨読では生きていけないのです。

お金に縛られるようになった時点で既に自由とは言い切れませんが、お金だけではなく制度や働き方、そして時間の使い方なども現代社会に合わせなければなりません。すると、働くことは次第に、遊びの要素を含んだ「仕事」から、いわゆる「労働」にシフトしていきます。結果として、仕事の中から遊びの部分がどんどん削られていくことになるのです。

しかし、実はそれでも農家は農業の楽しみを失いませんでした。はたから見ると、草刈りのような必要性に迫られてやる作業は「労働」そのものかもしれませんが、農家はその草刈りにさえ楽しみを見出すこともあるのです。仕事の楽しさは、あくまでも自分自身の心の持ちようにかかっているからです。

それが草刈りなどの周縁的な作業ではなく、農作物を育てるという農家本来の仕事であれば猶更です。そこには当然、プロとしての意地もあるし、前章でも述べたような植物への愛情もあるはずです。仕事の一部が機械に代替されてしまっても、「労働」になってしまっても、自分が育てる野菜が美しい花を咲かせ、美味しい実をつけることは、農家にとって大きな喜びです。

「仕事」が「労働」になっても野菜の値段は変わらない

しかし実は、そこにこそ「やりがい搾取」の出発点があります。「労働」としての意味合いが多分に含まれた働き方によって生産された野菜でも、楽しみを含んだかつての「仕事」によって作られた農産物と同じ価格でしか売れないからです。

農家に求められる結果は変わりません。農家に求められるのは、どこまで行っても高品質な農産物を生産することです。第3章で示したように、仮に高度な科学技術が用いられた農業であっても、高品質な農産物を栽培することの背景にあるのは、苦役としての労働ではなく作物への愛情なのです。

作物への愛情は、そう簡単に身に着くものではありません。わが子がかわいい理由と同じように、作物のことを考え続けることの中にこそ、愛情は存在しているからです。しかし働く時間は変わりませんし、やらなければならないことは結局同じ。より美味しい作物、より見栄えのよい作物、けれども値段の変わらない作物を作るとなると、やらなければならないことは増えていくばかり。仮に農業の楽しみを見出そうとするなら、働く時間を長くするしかありません。

楽しみ半分の仕事で作った野菜であれば、安くても良いかもしれません。農業をしているだけで充分楽しいなら、わざわざ休みを取って旅行に行く必要もない。しかし、現代社会ではそうはいきません。農作物の価格が変わらなかったとしたら、一心不乱に働かなければ生活が成り立っていかないのです。

労働の苦労が価格で取り戻せるならまだいいでしょう。しかし、今や高品質な野菜のイメージが、デパートどころか激安スーパーでも受容されているのです。これは日本の農産物流通の特徴です。「安かろう悪かろう」どころか、「もってけ泥棒」のタダ同然で売られる激安キャベツにまで、最高品質が求められるのです。例えば普段100円で売られている小松菜が安売りで1束58円で売られていたとしても、ぐちゃぐちゃに袋詰めされていたら購入意欲が削がれるはずです。安売り大特価の場合でも、求められる品質は一緒なのです。

日本の農作物が、ヨーロッパやアメリカに比べて過剰包装だと言われる所以(ゆえん)です。もし腑に落ちないようなら、アメリカやヨーロッパのスーパーなどをGoogle画像検索で見て、比較してみてください。日本のスーパーの様子とは明らかに異なることがお分かりになるはずです。

スーパーだけではありません。私が２０１９年にニューヨークにレンコンの営業に出向いた際、マンハッタンのグランド・セントラル駅近くにあるホテルの売店で買った15ドルのサラダボウルには、青虫が食べるようなゴソゴソのケールが入っていました。日本のコンビニで３００円で購入できるサラダと比べて遥かに劣る品質です。物価の違いもあるので単純な比較はしにくいですが、その価格差はおよそ5倍。極めて高い品質基準を求められているのにもかかわらず、あくまでも安売りを続けてきたのが日本の農業なのです。

資材価格は高騰

洗練された農作物を商品化するためには、相応の資材が必要です。農業資材は年々高騰しています。燃料はもちろん、箱代、運賃、包装用のビニール袋代など数え出したらきりがありません。商品価格に変わりがないままに、商品の品質、味や見た目を維持しなければならないので、資材が高くなれば利益はますます薄くなっていきます。

一方、生活のために必要な所得の下限には限度があります。食物を生産しているからと言って、お金がなくても生活できるわけではないのです。農産物の価格は、そう簡単には上がらない。ならどうするでしょうか。普通に考えれば、大量生産の方向に進むことになります。当然、生産目標などを考える必要も出てきます。

そうなったら、遊んでいるわけにはいきません。失敗は許されなくなる。客観的に見れば、それは自由意志を奪われた単なる「労働」でしょう。しかし悲しいかな、それでも農家は、その中に楽しみや自由意志を見出し、愛情とプライドを込めた農作物を栽培しようとする生き物なのです。それこそが日本社会における働き方の特徴であり、まさしく、やりがい搾取を生み出す構造そのものです。

それだけではありません。社会は、より狡猾に農家からのやりがい搾取を図っています。どういうことでしょうか?

「DASH村」が体現した新しい農業イメージ

一昔前の農業イメージと言えば、3Kが当たり前でした。私の実感では、バブル崩壊後の1990年代くらいまでは、そんなイメージがほとんどだったと思います。

しかし2000年頃から、農村生活をノスタルジーと掛け合わせるような形で賛美するイメージが流れるようになりました。ある種のロマンチックな農業イメージです。具体的には、日本テレビ系列「ザ！鉄腕！ＤＡＳＨ!!」の人気コーナーである「ＤＡＳＨ村」や、ＴＢＳ系列「金スマ」内の「金スマひとり農業」などをイメージしてください。「ＤＡＳＨ村」が始まったのがちょうど２０００年です。いわゆる「失われた20年」の真っ最中。日本はデフレから抜け出せず、社会全体に行き詰まり感が漂っていました。所得は頭打ちどころかマイナス。ストレス解消をしようと思っても先立つものがなく、海外旅行などもおいそれとは行けない。そのような時に注目されたのが、国内での地方への観光や農業でした。

同じ頃、民俗文化や地域的な伝統文化にも社会的な関心が向けられるようになりました。都市住民にとって、文化的他者の確認作業としてのエキゾチシズムを日帰りで体験できる地方や農村・農業が、消費の対象となったのです。こうして３Ｋ一辺倒だった農村・農業イメージも、次第に変化していったのです。

このような農業イメージは農村や農家にも好意的に受け入れられました。農産物直売所が大流行し、あちこちで建設ラッシュが続いていたのがこの頃です。林立した農産物直売所にやってくる都市住民は、農村にとってまさしく救世主でした。新たな農村・農業イメージは確かに福音として機能しました。

しかし、それは一時的なものでしかありませんでした。都市と農村では、農業に抱くイメージが全く異なっていたからです。テレビ番組で放映される農業には、過剰な演出が加えられていました。ゆっくりとした時間が流れる自然の中で、晴れの日には外に出て畑を耕し、雨の日には家の中で蕎麦を打つ。実りの秋には豊作を祝い、ご近所づきあいも楽しく、気の良い仲間たちが集まって酒盛りをする。農家でさえ憧れてしまうような素敵な生活です。

実際の農業はそんなものではありません。特に真剣に農業に打ち込む人であればあるほど、大変な労働をしています。値段が安いのに高品質な野菜を作るために手間をかけていれば猶更です。

このような演出過剰なロマンチックな農業イメージは、都市住民にだけ影響を与えたのではありません。農家の側も農家の本質的な働き方をようやく社会が認めてくれるようになった結果ではないか、というある種の希望をもって受け止めました。これが不幸の始まりでした。農家へのイメージの好転は、実際には都市住民の持つマイナスな農業観の裏返しに過ぎなかったからです。

農家が農業を通して仕事に自信を持ち、高い収入を得、社会から尊敬される職業になるのであれば言うことはないでしょう。人の一生のほとんどは働くことだからです。しかし、ロマンチックな農業イメージには、農業に対する尊敬は何一つ存在しません。

これまでの３Ｋイメージや同情よりはずっとましに見えるかもしれません。しかし、都市住民の農業への憧れは、あくまでも農家が自分たちとは異なる人であるというところに起因しています。自分たちの生活とは異なるからこそ、「スローライフ」が癒しになるのです。

かつての農業は、大変な仕事というイメージだったかもしれません。それが３Ｋイメージの根幹であったはずです。しかし、逆に言えばだからこそ、かつての農業には尊敬が集まったのです。大変な仕事に従事しながら、自分たちに食糧を作ってくれているという事実は尊敬に値するからです。楽して儲けていると見られている仕事には、尊敬は集まりません。

ですから私は、農家の仕事に対する農家自身の向き合い方のアップデートが重要であると考えています。

第5章　ロマネ・コンティに「美味しさ」は必要ない

それでは、農家の仕事に対する農家自身の向き合い方のアップデートとは、具体的に何なのでしょうか。

実は、仕事に向き合う価値観それ自体を何とかしようと考えているわけではありません。働き方改革が求められる近年、農業の長時間労働を減らそうという目標が立てられることも多いですが、私が考えているのはこれとは異なる方向です。もちろん極端な長時間労働は是正されなくてはなりませんが、それが日本の働き方の特徴であり、なおかつ日本の高品質な農産物を支えている源泉なのであれば、なくしてしまうのは勿体ないことです。だとしたら、やりがい搾取されない別の方法を考えなければなりません。「はじめに」でも記しましたが、端的に言うとその方法は「農産物の価格を上げること」であると考えています。

実際に、世界にはとても高い値段で販売されている野菜が存在しています。例えば、フランス産のホワイトアスパラガスは1キロ5000円を越すような高額で販売されています。日本産の農産物に比べると、極端に高い。この価格差はどこから来るのでしょうか?

本章では、農産物の「価値」と「価格」がどのような関係にあるのかについて話をしていきたいと思います。

農産物は、商品内での差別化がされていない

農産物の話に入る前に、別の食品の販売方法についてお話しします。まずお菓子売り場を思い出してみてください。お菓子売り場では、チョコレートはどのようなパッケージや商品名で販売されているでしょうか? 中身が完全に透けて見える包装形態で販売されているお菓子がどれくらいあるでしょうか? 透明な包装紙で販売されている食品と言えば、麩菓子などがあるかもしれません。しかし、昭和の代表的な駄菓子である黒糖をまぶした麩菓子を、スーパーやコンビニの店頭で見かけることは少なくなっています。

また、チョコレートが「チョコレート」という単一商品で、グミが「グミ」という単

一商品として販売されている売り場は存在するでしょうか？　そんなところは存在しない。チョコレートやグミには、商品分類とは別に必ず商品名が書かれているはずです。

商品名だけではありません。例えばブドウのグミであれば、メーカーやブランドのロゴ、瑞々しいブドウのイメージ写真、キャッチコピー、ブドウ果汁を何パーセント使用したかといったような成分構成まで、様々な情報が書かれています。消費者は単にグミをグミとして消費しているのではなく、このような情報をセットで購入しているのです。

しかし、そういった売り方は野菜では必ずしも一般的ではありません。そもそも商品名を付けて売られていないことが大半です。ほとんどのキュウリは「キュウリ」として、玉ねぎは「玉ねぎ」として販売されているからです。もちろん、野菜にもこういった情報が全くないかというと、そういうわけではありません。例えば野菜には生産地表示やＪＡマーク等が存在します。ＪＡは日本農業協同組合のロゴですが、消費者に一種の安心感をもたらす記号として機能しています。しかし、他の商品と比べれば、消費者に提供している情報量が圧倒的に少ないことは否めません。

そもそもキュウリや玉ねぎ等は、袋に小分けされて販売されることが一般的です。その袋は透明で、商品情報は何も書かれていない。それどころか、生産者から届いた箱のままでばら売りされていることもよくあります。このような単なる透明袋で販売されている野菜において保証されているのは、玉ねぎやキュウリであるという商品性と、生産地だけです。食品であるにもかかわらず、美味しささえ保証されていないのです。

消費者が消費しているのは「情報」である

他の食品であれば、消費者が商品の情報を消費するなどというのは、常識中の常識です。例えば、1981年に生まれた私が小学生の頃は、ビックリマンチョコがはやっていましたが、この商品を買っていた子供たちのほとんどは、ウエハースチョコレートそのものには興味がありませんでした。というより、食べずに捨てていた子もいました。欲しかったのは、ビックリマンシールに描かれた「情報」だったのです。

他の食品においては、「食品」の概念さえも変更しなければならないような消費のされ方をしています。例えば、コカ・コーラ ゼロに代表されるゼロカロリー食品を考えてみてください。コカ・コーラ ゼロが日本で発売されたのは2007年。それまで発売されたダイエットコークなどとは異なり、日本社会に大きく受容され、そして定番商品として定着していきました。

それどころか、13年にサントリーから発売されて大ヒット商品となった「伊右衛門特茶」のように、体内においてカロリーが機能しないこと、すなわちマイナスカロリーを積極的に謳う商品さえ当たり前になりました。サントリーの「特茶」は特定保健用食品と呼ばれますが、似たような分類である機能性表示食品の定着から分かるのは、人々が食品に対してカロリーや栄養を求めるだけではなくなっている、という事実です。

これらの事例を見れば、農作物の販売方法がどれだけ時代に取り残されているかが分かるはずです。野菜に限って言えば、情報を消費するどころか、いまだに大半の商品が栄養摂取の範疇さえ乗り越えていないのです。

「野菜や果物はコーラやお茶のように成分調整などできないでしょ？」と思う方もいるかもしれません。しかし、今や農業界では、イチゴやトマト等には葉に糖を与えたり、根っこに食用の酸の成分を与えたりして味の調整をするのは全く珍しいことではありません。自動天窓、重油暖房や冷房を用いた温度調整、電照を用いた日光・温度補正、機材を用いた光合成の促進等は、農家にとってはごく当たり前のことです。

イチゴやトマトでは、葉が光合成をすることで糖分を作り出すため、梅雨時のように雨が続き温度が低い時期には甘みが乗りません。甘みを重要視する品目においては、糖度が足りない商品は致命的です。一方、甘いだけの作物に重層的な味わいを持たせようとする時、酸味を加えるのは有効な手立てです。このため、敢えて酸を吸わせたりもするわけです。

私は、これらの作業を批判するつもりは毛頭ありません。消費者の求めに応じられなければ商品が売れないのはどの業界でも一緒だからです。私がここで指摘したいのは、農作物においても成分調整はもはや常識なのに、小売の現場では価格と生産地以外には大した情報が書かれていない、ということです。

それでもイチゴ、トマト、ブドウなどの品目は品種名や商品名などが書かれていることが多くあります。また、ブロッコリースプラウト等ではスルフォラファンの作用（抗酸化・解毒機能）などが謳われていることもあります。しかし、このような事例は農産物全体で言えば圧倒的に少数なのです。

小松菜が1袋100円の理由を説明できますか？

そもそも、日本の農産物が1袋100円くらいで販売されている理由は何でしょうか？　例えば小松菜。1袋100円ぐらいで販売されている安値安定野菜の代表格です。台風が来たり、天候不順などの理由で相場が急騰しない限り、大体このくらいの値段です。読者の皆さんは、この小松菜の価格の理由を説明できるでしょうか？

と、聞いておいて怒られそうですが、このことに明確な理由はありません。強いて挙げれば、「みんなが100円ぐらいだと思っているから」です。

まず生産者が、大体そのくらいが適正な値段だと思っています。スーパーのバイヤーも、大体そのくらいの売価が適正だと思っている。最後に消費者も、このくらいの値段が妥当だと思っている。要するに、どの立場の人もみな、100円ぐらいが普通だと思っているのです。

こうして、小松菜の値段は1袋100円ぐらいだという相場観が成立します。最初にその相場観を作ったのは誰なのか、それは分かりませんが、相場観はそんなことはお構いなしに維持・更新され続けています。

「結局何にも分からないじゃないか」と言われそうですが、私が言いたいのは「野菜の価格の決まり方なんて所詮はその程度でしかない」ということなのです。小松菜を1袋1000円で販売しようという試みを、寡聞にして私は知りません。

「アホか。単なる野菜でしかない小松菜が1袋1000円で売れるわけがないだろ！」

とお思いになるでしょうか？　でも、「1袋1000円の小松菜」のような商品が、他の野菜では存在しているのです。

なぜフランス産ホワイトアスパラガスは輸入されるのか

章の冒頭で記したように、「単なる野菜」であるはずのフランス産ホワイトアスパラガスは、1キロ5000円以上の値段で販売されています。ホワイトアスパラガスの瓶詰めは比較的有名ですが、瓶詰めではありません。生のホワイトアスパラガスを空輸しているのです。嘘だと思われた方は「フランス産　ホワイトアスパラガス」という検索ワードでGoogle検索してみてください。1キロ5000円どころか6000円以上の商品も普通に売っています。

どうしてフランス産アスパラガスは、「単なる野菜」であるにもかかわらず、こんなに高価でも売れるのでしょうか？

農業の事情に詳しくない方は、「日本では作れないからだろう」と思うかもしれませんが、ホワイトアスパラガスは国内でも栽培できます。ホワイトアスパラガスは、一般的な緑色のアスパラと品種が異なるのではありません。日光を遮断することで光合成を阻害し、緑化しないように栽培しているだけです。春先に出回る白いウドと全く同じ原理であり、栽培方法としてはそれほど特殊な技術ではありません。私の友人にも、ホワイトアスパラガス農家をしている人がいます。

では、どうして日本人は国内調達できるホワイトアスパラガスを、わざわざフランスから航空燃料を使用してまで輸入しているのか。どうしてこんな値段でも売れるのか。一般のスーパーに出回ることは滅多にありませんが、国内産は高くてもこの4分の1程度の価格が普通なのです。近年は高価なホワイトアスパラガスも少しずつ増えてきましたが、まだまだ試験的な試みであるという印象です。

すぐに考え得る理由は、「日本産よりも美味しいから」でしょうか。しかし、日本産農産物の美味しさや品質の高さは、衆目の一致するところです。ホワイトアスパラガスに限って、味がフランス産に著しく劣るとは考えられません。しかもアスパラは品質劣化が比較的早い品目なので、鮮度の良さが美味しさを決める大きな要因でもあります。わざわざフランスから輸入しているホワイトアスパラガスの鮮度が、日本産の鮮度を上回ることは基本的にはないはずです。ですから、日本産とフランス産で、その価格差に値するような「美味しさの違い」があるとは思えません。

実は、この価格差の理由はそんなに難しいことではないのです。理由は「フランス産であること」ただそれだけ。フランス産であるからこそ、1キロ5000円ホワイトアスパラガスという商品は成り立つのです。

商品の記号的な価値

一般的には、食品の商品価値は美味しさや見た目の美しさ、栄養分などの機能面にあると考えられがちです。しかし「フランス産」であるという事実に、美味しさや機能性に関する商品価値は存在しません。それとは関係なく、「フランス産」という事実それ自体が商品価値を持つのです。

フランスは言わずと知れた芸術大国であり、美についての世界的な中心地とみなされています。フランスには、その国旗を見るだけでオシャレでハイセンス、かつ高級なイメージを呼び起こす作用が存在します。ホワイトアスパラガスの「フランス産」という情報には、このようなイメージがまとわりついているのです。

農産物に限らず、工業製品においてもフランス製の商品には、商品を消費すること、保持して維持し続けることに強い満足感や優越感を生み出す効果が存在しています。このような情報の価値のことを「記号的価値」と言います。

記号的価値を持った商品の代表格は高級ブランドです。フランスの芸術性や美のイメージをまとった高級ブランドと言えば、エルメスやルイ・ヴィトンが有名です。しかし、これは必ずしもフランスに限った話ではありません。例えば、イギリスには「紳士の国」というイメージがあるはずですが、このようなイメージを引き受けているのが、イギリス王室御用達の高級ブランド、ダンヒルです。イギリス紳士のイメージをまとったダンヒルの商品価値とは、男としてのカッコよさ、すなわち「ダンディズム」を与えてくれそうなところにあります。ダンヒル商品の価値の源泉は「機能性」にはない。収納力や使いやすさといったビジネスバッグの機能、着心地や耐久性といったスーツとしての性能ではなく、働く男性たちにダンディズムをもたらす記号性にこそあるのです。

では、どうして「ダンディズム」のような形のない概念が商品性を持ち得るのか。それは、現代社会においては、人びとが機能性や必要性によって商品を購入する動機と機会がどんどん減っているからです。

例えば車。機能性だけを求めるなら動けばなんでも良いはずです。しかし、各メーカーは毎年のように新しいデザインの車種を投入しています。我々が車を選ぶ際、燃費や加速の良さ、近年では自動運転技術や電動化等の機能面も考慮しますが、それと同じか、もしかしたらそれ以上にデザインを気にしているからです。

都心部の狭い道を走るなら、小回りのきく軽自動車や小型車の方がずっと便利なはず。なのに、都心部の高級住宅地にはＢＭＷやベンツ、ポルシェなどの外車、それも近年はＳＵＶタイプの大型車が目立ちます。自分と他の人との違いを明確にし、自分の独自性を演出したり、特別感を享受したいという欲求に突き動かされることで消費行動が行われるのが現代社会なのです。そのような欲求を商品に投影させた存在がブランドです。ですから、ブランドにおいては消費者の持つ商品に対するイメージが重要になるのです。

エルメスやダンヒルのような高級ブランドだけでなく、廉価な商品ブランドであっても同じような効果を持っていますが、他の人との差異を演出するためには高級ブランドの方が手っ取り早い。なぜなら、そこには圧倒的な価格差があって、普通の人にはおいそれと購入できないからです。エルメスの鞄は、本当に高級なものには１０００万円近い価格がつけられることがあります。１０００万円もする鞄を普通の人が買えるわけがありません。エルメスを持てるということは、それだけで「金持ち」「成功者の証」となるのです。

高級ブランドにおいては、商品が高い品質を持つから高い価格になっている、という構造にはなっていません。商品の品質は、高級ブランドの本質ではありません。話は逆で、「そもそも商品価格が高い」ということこそが出発点で、高級ブランドをブランドとして機能させる肝なのです。

日本の農産物ブランドの限界

こう説明すると、「何だ、ブランドか。ブランド野菜なら日本にもいくらでもあるじゃないか」というご指摘もあるかと思います。確かに、日本にも「ブランド野菜」と呼ばれる商品はいくらでも存在しています。すぐに思いつくのは、地域名を冠した農産物です。例えば京野菜、加賀野菜、鎌倉野菜のようなものです。京都、加賀、鎌倉の持つ伝統的で洗練されたイメージを野菜に張り付けているわけです。これらはフランス産という情報の持つ記号的価値と全く同じ使われ方です。

この他にも、夕張メロン、賀茂ナス、九条ネギなどの特定の地域と結びついた野菜もあります。ただし、北海道夕張市で栽培されたメロンだけを示す夕張メロンと違って、賀茂ナスや九条ネギは現在、特定の形状をした品種のナスやネギの総称として流通してしまっている傾向があります。このため、農水省では2015年からGI（地理的表示）登録制度を運用し、登録された産地以外には登録名称を用いることができないという政策を実施しています。

GIは地域ブランド保護のための知的財産の一つとして国際的に広く認知されており、とくに有名なのはフランスのシャンパンです。シャンパン（フランス語では「シャンパーニュ」）と呼ばれるのは、シャンパーニュ地方で作られた発泡性ワインに限られており、それ以外の地域で作られる発泡性ワインは、シャンパンを名乗ることはできません。

ただ、日本のGI制度は、国内では既に形骸化している、というのが私の見解です。2021年10月7日時点で111品目の登録がなされていますが、一般的には全く知名度がない商品が大半を占めています。経産省が推進している地域団体商標制度との違いも一般的には全く認識されておらず、知的財産とは言うものの、ブランドとしての大きな記号的価値を古くから持つシャンパン等と違って、高価な商品価値を持つブランドであるとは到底言えない状況です。

一方、既に例として挙げたJAマークは、まぎれもないブランドとして機能しています。JAマークには、麦わら帽子をかぶった田舎のお爺さんが真面目に畑を耕しているイメージを想起させる効果があるはずです。これはまさに日本の農業イメージそのものであり、農作物に安心感を与える記号としての価値を確かに有しています。

ただ、JAマークがひとりひとりの消費者の最終的な購買行動にまで影響を与えているかどうかは疑問です。麦わら帽子をかぶった田舎のお爺さんが真面目に畑を耕す農業イメージは、日本の農業全体に言えることであり、それでは「差異」を作れないからです。

しかもこのイメージは、安心や安全を想起させることはあっても、高価な商品価値とは結びつかない。麦わら帽子をかぶった田舎のお爺さんはむしろ、「清貧」イメージと結びついています。既に大量に流通している日本産の農産物を見れば明らかですが、オシャレや高級などと対極にある「清貧」イメージが高価な商品価値と結びつくことは論理的にあり得ません。

「機能性」に基礎を置くブランドは「ブランド」とは言えない

この他にも、糖度の高さや品種の希少性を謳うような、様々なブランド野菜と呼ばれるものが存在します。この場合のブランドとは、単に少し高価な野菜や、文字通り甘くて美味しい野菜などを指していることがほとんどです。

糖度の高さや希少な品種を謳う情報は美味しさを想起させる記号的価値を有しているのは確かですが、その場合、商品価値のほとんどは農作物の美味しさそのものです。これらの情報はイメージよりも、品質という事実に関わるものだからです。糖度を保証している作物として代表的なものにミカンがありますが、ミカンの「ブランド」には品質の高さや美味しさ以外のイメージを想像させる要素はほとんど存在していません（「西宇和みかん」がCMキャラクターのクレヨンしんちゃんを想像させる、といったことはありそうですが）。

有機農業で栽培された有機野菜なども、自然環境への配慮や安心安全、さらには美容などを想起させる比較的高価な記号的価値を持つ、ある種のブランドとして機能しています。しかし、第2章で示したように、有機農業運動が発展してきた歴史的経緯から、有機野菜は農家の労働力に比べて割に合わない価格で流通してしまっています。

ブランドについて消費者にとってもっとも重要なのは商品イメージですが、生産者にとってもっとも重要なのは、商品の品質です。商品の確かな品質を保証するためには、商品を作るために要する作業時間は言うに及ばず、機械や材料も揃えなければなりません。高い技能や技術を持った職人はそう簡単に育ちません。生産者の立場で言えば、高級ブランドの価格が高いのには、高いだけの理由があるのです。

例えばイギリスの自動車会社であるマクラーレンは１億円以上もするスーパーカーを販売していますが、このスペックが軽自動車と同じであったら消費者は怒るでしょう。当然、スーパーカーに求められる品質基準は軽自動車の比ではありません。例えばブレーキの性能一つとってみても、時速３００キロも出せる超弩級のスペックを持ったスーパーカーのブレーキが、軽自動車と同じであるはずがない。商品当たりの売価を高くしなければ、品質を維持し続けていくことは難しくなる。すなわち、生産するのに高度な技術や手間のかかる商品を製造するためには、相応の売価設定が必要不可欠なのです。

しかし、既に語ってきたように、高価な商品を販売するためにはスペックだけではなく、商品に張り付いているイメージが重要です。超高額なマクラーレンが消費の対象となるのは、それを消費して維持することが他者との違いを明確に演出し、証明するためのツールとなるからです。超高額であることこそが、マクラーレンのブランド力の根幹なのです。これは、フランス産ホワイトアスパラガスでも全く同じです。

日本の農作物において、このような価格で販売されている商品がどれほど存在するでしょうか？　ブランド野菜などと言っても、この次元まで記号的価値を高められている野菜などほとんどない、というのが私の実感です。そして、商品自体の記号的価値を高められているブランド野菜がないこと、そもそも「ブランド」の本質が充分に理解されていないことは、日本産農産物全体の価値を毀損するような事態にも繋がっているのです。

日本産農産物輸出の「未来予想図」

2021年8月15日の日本経済新聞に、次のような記事が掲載されました。「日本発ブランド『シャインマスカット』中韓の生産、日本上回る」。記事によると、高級ブドウ「シャインマスカット」をはじめ、日本発のブランド品種の海外流出が深刻さを増している、というのです。

しかも、流出先の韓国ではシャインマスカットが今や輸出の主力となり、輸出額は日本の5倍に膨らみ、中国国内での栽培面積は日本の40倍超に及ぶということです。さらに「19年には日韓のブドウの輸出数量が逆転した。21年1～4月の韓国産ブドウの輸出額は約8億円と前年同期比で1・5倍に増えた。このうちシャインマスカットが約9割を占めた。日本の輸出額は１億４７００万円にとどまり、量では7倍の差がついた」とのことです。

日本政府は20年に種苗法を改正（21年4月施行）し、海外への種子や苗の持ち出しを禁止する法律を作り、違法持ち出しに対しては罰金や懲役刑を科すことにしましたが、時既に遅し、ということなのでしょう。

しかも、桃栗三年柿八年というように、そもそも樹木が商品価値を持った果実をつけるまでには一定の時間がかかります。イチゴのような一年生植物でもない限り、21年4月施行の法律で実効性が伴うはずがないので、後手に回った対策の遅さを嘆くしかありません。

しかし、私はこの点に日本産農作物輸出政策の抱える問題の本質があるとは考えていません。確かに種の海外への違法持ち出し自体は重大な問題です。このような行為は徹底して取り締まるべきでしょう。しかし私は、このような日本政府の「最先端」であるはずの政策があまりに時代遅れ、というか見当違いであるように思えてならないのです。

日本政府は、ブランド品種を中核にした農林水産物輸出額を２０２５年に2兆円、２０３０年には5兆円に増やす目標を掲げています。第１章でも述べましたが、日本政府の農産物の輸出戦略はマーケットインです。マーケットインとは、要するに消費者が求める商品を売りましょう、ということです。そして、この戦略に位置づけられるブランド作物の一つが、シャインマスカットだということなのでしょう。シャインマスカットは大粒で見た目が良く、甘みが強いブドウの代表的な品種ですから、これが特定のマーケットにおいて消費者が求めている品種なのだと思います。

しかし、私は日本政府の農産物輸出戦略、つまりマーケットイン戦略に懐疑的なのです。マーケットインとは、輸出する相手国の中で売れるものを売りましょうという考え方です。このため、求められる農産物の規格は相手側の基準によるわけです。もちろん、相手国の求める農薬基準や栽培基準に適合しなければ、そもそも輸出することができないのは当たり前です。

そして相手国の求める要素とは、必ずしも農薬や栽培基準に限ったものではありません。「美味しいブドウ」「つぶが大きいブドウ」「色が鮮やかなブドウ」といったように、数値に還元できない要素も入ってきます。その要素に適合するのであれば、日本産も韓国産も中国産も関係がありません。輸出相手国の求める商品に適合的であれば、日本産のシャインマスカットである必要性がないのです。

ですから、私が最も深刻な問題であると考えているのは、日本の農産物における「ブランド」概念の理解そのものなのです。

そもそも私はこの日経新聞の記事のタイトルにもなった「日本発ブランド『シャインマスカット』中韓の生産、日本上回る」という問題提起自体がナンセンスであると考えています。既に語ってきた通り、「ブランド」とはあくまでも記号的価値であり、「シャインマスカット」という品種を前提とした「ブランド」には、記号的価値はほとんど備わりません。

シャインマスカットの持つわずかな記号的価値とは、単なる「美味しさ」でしかない。仮にシャインマスカットに次ぐ新しい「美味しい」品種が作られたとしたら、日本からのブドウの輸出が拡大するかもしれません。しかし、長くは続かないでしょう。単に甘くて美味しいブドウを作るということだけであれば、中国で開発された品種であろうと韓国で開発された品種であろうと関係がない。必ずや別の新しい品種が出てくるはずです。しかも、韓国はもとより、中国の自然環境も日に日に改善してきています。日本のお家芸であった白物家電が陥ったのと同じ末路となるのは目に見えています。

そうならないことを願いますが、私には既に日本産農産物のたどることになる「未来予想図」が目に見えてしまいます。

ロマネ・コンティに「美味しさ」は必要ない

鞄や車などを事例としてブランドを語ってきましたが、これらは食品ではないので、本章の最後に、フランスを代表する飲食物であるワインを事例にブランドを語ってみたいと思います。

フランスワインの最高峰は、有名なロマネ・コンティです。ロマネ・コンティは時に1000万もの値段が付くことさえあります。当然、私は飲んだことがありませんので、どんな味がするのかは知りません。たぶん、美味しいワインなのでしょう。しかし、ロマネ・コンティの商品価値において、美味しいかどうかはほとんど関係がないのです。

そもそも「味覚」を構成するのは、科学的で客観的な指標だけではないのです。味覚は社会や文化のありようはもちろん、個人的な主観も多分に含んでいます。それでは、どうして必ずしも絶対的に美味しいわけでもないワインが、こんな値段でも売れるのでしょうか？

それは、ロマネ・コンティを頂点にして、ワインを広く楽しむ「文化」が、社会に受容されているからです。

その文化には、広い裾野があります。まず、農作物にとって何より重要な自然環境です。天候の良い年には糖度の高い素晴らしいブドウが出来ますが、天候の悪い年のブドウはそれ相応の糖度しかのりません。当然、その年のブドウを発酵して製造したワインが平年並みの天候の時と同じ質になるはずがありません。つまり、年によってはワインの出来が良くないこともあるわけですが、製造年による出来の違いも「文化」として許容されているのです。

また、ワインをたしなまれる皆さんであれば常識かもしれませんが、ロマネ・コンティをはじめとするフランスワインには、「テロワール」という考え方が存在します。日本語に訳せば適地適作、その土地に相応しいブドウとやり方でワイン作りをしましょう、という考え方です。その中でも、ロマネ・コンティは神に約束された「奇跡のテロワール」とされます。

テロワールは知財の一つであり、前述したシャンパンを含めて、ＧＩ（地理的表示）保護制度の基礎となった考え方ですが、必ずしも美味しさや品質の科学的な根拠ではありません。畑によって作物の味が変化することは農家にとっては常識ですが、だからと言って特定の地域でなければ最高品質のワインを作ることができないという考え方には科学的な裏付けはありません。

もちろんロマネ・コンティが美味しくて最高品質であることは間違いないのでしょう。しかし、畑自体はわずか1・8ヘクタールしかなく、ロマネ・コンティの存在するヴォーヌ・ロマネ村、そしてブルゴーニュ地域には、他にも数多くのテロワールが存在しています。周辺のテロワールでも、赤ワインであればロマネ・コンティと同じピノ・ノワール種のブドウを使っているわけですから、飲み比べたらロマネ・コンティと遜色ないワインはいくらでもあるはずです。しかし、「テロワール」という考え方と、その文化を受容している人たちにとっては、「ロマネ・コンティ」というブランド自体に価値があるのです。

すなわち、フランスワインにおいては、カロリー摂取や栄養摂取はもちろん、美味しささえも直接的な商品価値とは関係がありません。このテロワール主義という消費文化こそ、フランスワインの商品価値を支える最大のポイントなのです。

はったりでもいい、商品それ自体の価値を上げよ!

日本農業の価値を上げていくための方策は、このような記号的価値や消費文化を構築することにしかないと考えています。

しかし、８００年近い歴史を持つロマネ・コンティのことを例として出されても、到底まねできない、と思われる方も多いと思います。確かに日本で現存する農家において、８００年の歴史の正統性を語ることができる農家はほとんどいないと思います。しかし、ワイン界では、フランスを中心としたヨーロッパではなく、新興産地の作り手たちによって、テロワール主義とは異なる消費文化を作り上げ、記号的価値を有しているワインも存在しています。

例えばオーストラリアには「グランジ」という超高級ワインが存在します。グランジはペンフォールドというワイン製造会社の最高級ブランドです。日本での価格は10万円前後。ペンフォールド社では、特定の地域や特定の区画で栽培から醸造までを一貫して行うのではなく、その年に収穫できた品質の良いブドウを各地の畑から選りすぐってブレンドしてワインを醸造しています。

ですから、このワインはテロワール主義ではありません。ペンフォールド社において重要視されるのは、ワインのスタイルと品質の一貫性です。１９５０年にグランジを初めて生み出した当時の醸造家の職人としての天才性こそが、ブランドの核となっています。このため、畑や特定の区画よりも、一貫した品質のワインを醸造する作り手が前景化されているのがこのブランドの特徴です。そして、その作り手の努力によるスタイルと品質の一貫性が理解され、グランジを頂点にしたオーストラリアワイン、新興世界ワインを支持する消費文化が出来上がっているのです。

ロマネ・コンティの800年に対し、こちらは100年にも満たない歴史しかありません。必ずしも歴史の長さに恐れおののく必要はないのです。このような消費文化や記号的価値を創造することができれば、日本の農産物の高額販売は可能になるはずなのです。

実を言えば、私自身がレンコンにおいて、世界で初めて高級ブランドを作り上げた張本人なのです。この顚末については、本書と同じく新潮新書から出版された前著『1本5000円のレンコンがバカ売れする理由』に書きましたので、ご興味があれば手に取ってみてください。

「バカ売れ」というタイトルの通り、既に1本5000円レンコンは商品価値が理解されるようになり、2020年時点で最高5年待ちの商品となりました。そんなこともあり、21年には1万円に値上げしました。しかし、私はそれでも飽き足らず、21年度から1本5万円のレンコンを販売する試みも始めました。

農業の働き方についての現代的アップデートが目的であるとはいえ、さすがにやり過ぎだ、単なる金儲けだ、と思われる方もいるかと思います。しかし、1本5万円レンコンには、単なる金儲けを超えた深い理由があるのです。このことについては、本書の総括も含め、次章で詳しく語っていこうと思います。

第6章　金にならないものこそ金にせよ

実は、1本5万円もするレンコンが売れてお金が儲かることそれ自体には、それほどの関心があるわけではないのです。そもそも、1本5万円で出してもいいと私自身が思えるレンコンは、滅多に出来ません。売れて金が儲かることそれ自体に目的があるわけでもない（もちろん売れて儲かるのであれば、それに越したことはありませんが）。

私にだって常識はあるつもりです。こんな非常識な価格設定の商品がそう簡単に売れるわけがない。しかも、ロゴのデザインを作るのにも、箱を作るのにも、お金がかかります。コストパフォーマンスは最悪です。もっと賢い金儲けの方法はいくらでもあるでしょう。そもそも10分の1の価格の1本５０００円レンコンでさえ、大変な悪戦苦闘の果てに売れるようになった商品なのです。

それでは、なぜ私は1本５０００円レンコンに飽き足らず、今度は5万円という無謀な価格設定の商品を売ろうとしているのでしょうか？　本章ではこのことの背景にある私なりの考えについて語っていこうと思います。

レンコン農家は貧乏だった

前著『1本5000円のレンコンがバカ売れする理由』をお読みいただいた方は既にご存じかと思いますが、茨城県かすみがうら市で古くからレンコン栽培に携わる農家の息子として生まれた私は、常に農家であるということに猛烈な劣等感を抱き続けてきました。この劣等感は私だけでなく、私を育てた両親も同じでした。特に父の劣等感は激しいものでした。

それは野口家が大正時代頃からレンコン栽培を営む家系だったことに理由があります。米の値段と価値が下がり続けている今と違って、当時は稲を栽培する農家が「偉い」とみなされていました。しかし、野口家が古くから所有していたのは稲作には不向きな水田。米が豊かに育つには、あまりに深すぎたのです。

レンコン栽培というのは、農業の中でもキツイ部類に入る仕事です。機械を用いるようになった今でさえ大変なのですから、機械がなかった頃の大変さと言ったら想像を絶するものだったと思います。豊かな農家は、栽培が大変なレンコンなど作らない。つま

著者が新しく販売を開始した1本5万円のレンコン。

り、レンコン農家は貧乏農家だった、というわけです。

昔から貧乏だった野口家の先祖は、レンコンを栽培することで家族を何とか支えていたのでしょう。「うちは昔から貧乏だった」「レンコンなんて貧乏人のやる仕事だ」というのが若い頃の父親の口癖でした。

このような農業に対する農家自身が抱く劣等感は、何もレンコン農家に限ったものではありません。レンコンの場合はより強烈だという面はあるかもしれませんが、農業はそもそも、苦労が多い反面報われることが少なかった産業です。第4章で述べたような、農業に対する社会的なイメージも存在します。

私が高額レンコンを販売すると決断した背景には、レンコン生産はもちろん、農業にまつわる価値観をガラッと更新しようという挑戦の意識がありました。というとカッコよく聞こえるかもしれませんが、その「挑戦」をドライブしていたのは、農業を軽んじてきた社会に対するリベンジの意識や、強烈な劣等感でもありました。


「労働」の意味をアップデートしたココ・シャネル

このことを考える上で参考になるのが、ラグジュアリーファッションブランドとして有名なシャネルです。シャネルの創設者であるココ・シャネルは、労働者の仕事着の「機能性」という要素を高級ファッションに取り入れることにより、労働の価値を高めることに成功しました。少し長くなりますが、シャネルの人生について記しておきます。

ココ・シャネルは、1883年にフランスで貧しい洗濯婦の娘として生まれました。その後、10代の初めの時に母親が亡くなり、修道院に預けられました。シャネルが生まれたフランス社会は、日本と比べて今でも階級社会の名残が根強い社会であると言われます。階級社会とは、端的に言えば貴族は貴族として、平民は平民として、社会的な階級が規定されている社会です。18世紀後半に起こったフランス革命によって、一応は貴族の特権制度は廃止されたわけですが、依然として階級社会の名残が根強く残っていました。

そんな時代に貧しい家庭に生まれ、幼くして母を亡くしたシャネルは、父親によって修道院へと預けられました。彼女が12歳の時です。修道院というのは、カトリックを信仰する人が集団生活する場所です。シャネルが預けられた修道院には、様々な理由で親たちと離れ離れになった子供たちを養育する施設である孤児院と、寄宿学校（親から離れて学校で生活する施設）が併設されていました。

そこでシャネルは、寄宿学校の生徒たちと、自分たち孤児院で生活する子供たちとの圧倒的な違いを感じ取りました。寄宿学校とは、いわゆるエリート教育の場ですから、ここの生徒たちはシャネルとは全く違う階級に属しています。

シャネルは貧しい家庭に生まれて、なおかつ父親に捨てられた身の上です。彼女が孤独と貧困に耐えた日々は想像するに余りあります。時代が時代ですから、露骨に差別も受けたに違いありません。ですから、シャネルにとって、そのような社会を見返してやることが、生涯の原動力となりました。

修道院では、勤勉であることや規律を守ることの重要性はもちろん、女性が自分一人でも生きていくための最低限度の手段として、裁縫技術を叩き込まれました。その後、18歳で修道院を発ったシャネルは、紆余曲折を経て27歳の時にパリで帽子店を開業します。この帽子店がシャネルの築いた世界的なラグジュアリーファッションブランドへの大河の一滴となったのです。

洗濯婦とレンコン農家は似ている?

彼女が社会に与えた最も大きなインパクトとして語られることは「女性の解放」です。

シャネル自身は女性解放を主張したり、フェミニストを自称したりすることはなかったと言われますが、社会運動に訴えるのではなく、ファッションビジネスを通して女性に対するイメージを変えたという点に、彼女の大きな功績があります。

シャネルは、男性漁師の作業着であったマリンボーダーなどを女性のファッションとして確立しました。それまでの女性のファッションと言えば、コルセットを用いたスタイルが常識でした。コルセットによって強調されるのは胸やお尻の大きさ、それに対比されたお腹や腰の細さであり、いわゆる「女性らしい」シルエットです。シャネルは、かつては男性のファッションとされていたものを、女性のファッションとして確立することにより、いわゆる「女性らしさ」の概念を更新したのです。

しかし私は、シャネルの仕事において最も着目すべきは「女性の解放」以上に、労働の価値を向上させたことにあると考えています。このことを彼女は、実用的で機能的なツイード生地やジャージー素材をラグジュアリーファッションの中に取り入れることで成し遂げました。どういうことでしょうか？

かつてのヨーロッパ社会において、ファッションの消費者は、貴族や資本家をはじめとする上流階級や有産階級でした。華美なファッションはいわば嗜好品であり、経済的に余裕がなければ取り入れることができません。ですから、コルセットをまいて「女性らしさ」を強調するようなファッションの消費者は、上流階級の女性たちだったのです。

上流階級の女性たちのファッションが過度に女性らしさを強調するものだったのは、彼女たちが労働に従事していなかったからです。このような女性たちにとって最も重要な「仕事」とは、素敵な上流階級の男性たちに選ばれることだったのです。そんな上流階級の女性たちの着る服にとって、機能性はほとんど必要がありません。機能性や実用性、動きやすさや使いやすさが求められるのは仕事着です。仕事をしない女性にとって仕事着は必要がない。上流階級の男性たちに選ばれることが「仕事」であった上流階級の女性たちにとって、必要なのは機能性ではなく「女性らしさ」だったのです。

それでは、機能性や実用性が取り入れられた服装を必要とするのは誰だったのか。それは労働者階級です。労働に従事する人々にとっては、仕事のしやすさが何より重要だからです。例えば、農家の鎌の切れ味が悪かったら草が刈れない。和食料理人の使う包丁の刃が錆びていたら刺身が切れない。労働に従事する人々にとって、労働のための道具は機能的で実用的であることが最重要なのです。

第4章でも述べたように、ヨーロッパ社会における労働には、働くことを美徳と考える日本社会とは異なり、拭い難い差別意識が横たわっていました。シャネルは、機能性や実用性といった労働の要素を、よりによって上流階級向けのラグジュアリーファッションの中に取り入れ、労働の価値を転換したのです。

このことを象徴するのが「シャネルスーツ」です。丈夫で実用的なツイード生地で作られたシャネルスーツは、香水の「シャネルＮＯ５」とともに、彼女の生涯を代表する最高傑作の一つとして有名です。かつては労働者階級の貧しさの象徴であった日焼けを、富裕層の豊かさのシンボルとして定着させたのも彼女であると言われています。

ですから、シャネルの成し遂げた功績として広く人口に膾炙する「女性の解放」というのは一つの結果であって、彼女が生涯をかけて挑戦しようとしたのは、何よりも労働を無価値なものであると捉える階級社会だったのだろうと私は見ています。

それは、彼女が幼い時に亡くなった母親の職業が洗濯婦であったことも関係しているように思います。洗濯婦とは、上流階級の人々の衣類を洗濯する仕事です。自分で洗濯を行わない富裕層を除いて、洗濯は労働者階級の家庭においては女性が担うことを期待されていた役割です。

現金収入を持ち帰ることが期待されていた男たちの労働と異なり、給料が支払われない女性の役割である家事労働は、より価値がないものとされていました。ですから、洗濯婦は労働者階級の労働の中でも最も過酷な部類に入るとともに、最も価値がないとされる職業の一つだったのです。考えすぎと言われるかもしれませんが、私は洗濯婦という職業に、農業におけるレンコン農家とのアナロジー（類似）を見ずにはいられません。

シャネルは実質的には父親に捨てられたことから、男性社会への反発もあったかもしれません。しかし私には、彼女の仕事の背景には、幼い時に死に別れた母親が働く後ろ姿があったように思えてなりません。シャネルの生涯の仕事には、時には差別の対象でさえあった労働には、得難い価値が存在するのだという強いメッセージが込められているように思えてならないのです。

「デオドラントスプレー」誕生で何が起きたか

このようにシャネルは、ラグジュアリーファッションの中に「労働」の要素を取り入れることによって、労働の価値を変えることに成功しました。私の試みはシャネルと同じように、農作物のラグジュアリー商品を販売することにより、農業の価値を変えることができるのではないかとの発想に基づくものでした。

どうして商品によって社会の価値観が更新されるのか。次にそのロジックについてお話ししようと思います。

少し話は飛びますが、皆さんはスメルハラスメント（スメハラ）という言葉をご存じでしょうか。要するに、「においがキツい」「クサい」ということがハラスメントであるとされたのがスメハラです。

においでいちばん分かりやすいのは体臭でしょうか。現代の日本社会では、体臭を消すことが求められています。これは明らかに、「体臭を消す商品によって作られた」価値観です。

消臭を目的とした商品として最も有名なのは、脇のデオドラントスプレーです。これは、かつては女性用の商品として誕生しましたが、近年は男性用も当たり前に消費されるようになりました。足のにおい消しクリームも大ヒットしました。近年は、多様性という言葉が流行していることもあり、メディアでも化粧をした男性やＬＧＢＴＱなどのセクシャルマイノリティーであることを堂々と公表する人々が増えてきました。男性化粧品のＣＭなども増加しています。

それが、社会的にはどういう効果を生み出したか。多様性の社会への浸透を喜ぶ声も多かろうとは思いますが、良いことばかりではありません。体臭があるということのマイナスイメージが強化されたからです。

流行に敏感な若者を中心に、多くの人が体臭消しの製品を付け始めたとします。それが当たり前になったとしたら、体臭がある人はどんどん少なくなっていきます。そうした商品を使うことが当たり前になり、体臭がある人がほとんどいなくなれば、体臭があることは今以上にマイナスになっていくはずです。一時的には体臭に悩む消費者を幸せにしたデオドラント商品は、マーケットが進展していくにしたがって、むしろ体臭に対する社会の許容度を下げ、体臭のある人の劣等感を強化する方に働くことになります。

もう一つ例を挙げておきます。韓国社会の美容整形です。

韓国社会は美容整形が日本よりも圧倒的に社会に受け入れられています。韓国社会では「美男美女」でなければ就職の面接に受からないと言われますが、これは都市伝説とばかりは言えません。ここには、「自然である」ことを重んじる傾向のある日本とは違い、「理想に向かって自分を変える」ことを重んじる韓国社会の価値観が関係しているからです。言い方は悪いですが、男性も女性も美男美女であることが当たり前な韓国社会では、美男美女でないことは日本よりもマイナスになるのです。

最初は個人の問題やお悩みを解決する手段であった商品が、社会に受け入れられて一般化すると、今度はそこからはみ出る人たちを抑圧する手段として機能してしまう。女性や一部の体臭を気にする男性たちが使うデオドラント商品も、これが当たり前になると、社会はこの商品を使うことを社会の常識として人々に強制するようになります。デオドラント商品を使わない人は就職率が下がるとなれば、これを拒否する人はどんどん減っていくでしょう。「多様性」を声高に叫びながら、日本社会は体臭がある人を社会的に抹殺する方向、つまり多様性を潰す方向に進んでしまうのです。

大げさだと思う読者の方もいらっしゃるでしょうか。しかし、パソコンが当たり前に普及する前と、導入された後の社会の劇的な変化を想像してみてください。もはやパソコンやインターネットが存在しない世界など想像することさえできなくなっています。

もっと分かりやすいのがスマホです。スマホは人間関係をはじめとして、様々なことを変えてきましたが、本章と関係のある「働くこと」に関して言えば、時間の感覚を変えました。

スマホが当たり前になるまでは、ノートＰＣなどを持ち歩く特定のビジネスマンを除いて、移動中までは仕事をすることが求められてはいませんでした。ポケベルはもちろんガラケーですら、やり取りできる情報には限界があったからです。

しかし、持ち運べるPCであるスマホが普及すると、スマホだけで大抵の仕事に対応できるようになりました。確かに仕事の効率は良くなったかもしれませんが、スマホがなかった頃には仕事をしなくて良かった時間にまで、仕事に追われるようになりました。

メールを返信するまでに要求される時間も著しく短くなりました。今ではメールの返信が翌日になるだけでも、返信が遅れたことにお詫びをしなければならなくなりました。スマホは時間の感覚さえも変えたのです。返信が翌々日になるようなことがあれば、完全に「仕事ができない人」扱いでしょう。

デオドラント商品が普及すればするほど、体臭をコントロールできない人は社会的な信用を失っていく。結果として社会はあらゆるにおいに敏感な社会になっていくことになります。事実、近年では、衣類の柔軟剤も様々なフレグランス商品が生み出されていますが、それ自体が迷惑だと考える人も少なからずいるといいます。

要するに、あらゆるにおいをコントロールすることが求められるような社会が作られつつある、ということです。デオドラント商品の登場によって、確実に社会は変わった。その結果出来上がったのが、においがハラスメントでさえあるという「スメハラ」という言葉なのです。

社会の価値観を変えるために商品を売る

このように、商品は社会を変えることがある。それはマーケットと社会が表裏一体の関係にあるからです。産業が高度に発達した現代社会における消費者は、生活のニーズに関わる消費だけでなく、様々な文化的な欲求充足のために、商品やサービスを大量に消費しています。このような消費社会にある現代では、消費者の意向というのは社会の価値観そのものなのです。

社会の求める価値観と商品が合致するからこそ、その商品が売れる。ＬＧＢＴＱを容認するような価値観を持った社会でなければ、男性化粧品が広く売られることはありません。体臭があることを恥ずかしいと思う価値観が社会に存在しなければ、デオドラントスプレーが売れるはずがない。

企業活動によるマーケットの再編・構築と社会の価値観は相互に影響し合っていますが、基本的には「企業活動による結果として社会が変わる」という図式になっています。だからこそ、企業は新商品開発だけでなく、新たなマーケットを構築するために、新しい価値観を構築しようと躍起になっているのです。

分かりやすい最近の事例を挙げると、アサヒスーパードライのピンク缶です。春限定で販売されるこの商品には乃木坂46がCMキャラクターに起用されるなど、明らかに女性を含めた若い層を意識しています。

アサヒスーパードライの主要な顧客層は中高年男性であるため、若い女性向けのマーケットを開拓するために、若い女性たちの価値観に訴えかけようという意図が明らかなマーケティング戦略です。書籍の世界でも、文庫本のカバーにメンバーひとりひとりの写真を使った講談社・光文社の「乃木坂文庫」や、同じく光文社の「日向坂文庫」などは、活字に関心のない若者の価値観に沿って、活字の魅力を訴えかけようという戦略でしょう。

このように、一般的には企業が商品を売るために社会の価値観に沿うのが普通なのですが、私は「その逆があっても良いのではないか」と考えました。商品を企画し販売した結果として企業が社会を変えるのであれば、最初から社会を変えるための商品開発をすれば良いのではないかと考えたのです。

社会運動では社会は変わらない

第2章で語ったように、農村をフィールドにした民俗学研究者としての私は、農業の問題を解決するために社会運動で対応することは難しいのではないか、という思いがありました。社会運動に打って出るよりも、新たな企画の商品を開発して、それを販売していくことの方が、社会を変えられるのではないか、と考えたのです。

私も、有機農業運動や農業思想が強調するような自然の尊さ、そして古くから伝わる農家の技術や技能の重要性は重々承知しているつもりです。菜の花や棚田の美しさ、そこで飛び交う赤とんぼのような、金にならないものに価値があることは言うまでもありません。大量生産を目指した効率化と産業化だけではまずいということは百も承知です。しかし、それを思想や運動として社会に問い続けていっても現代人の心には響かないし、社会は変えられないのです。

有機農業運動は、農業の抱える様々な問題を全く解決しなかったどころか、むしろより深刻にさせてしまいました。高邁な理想で始められた有機農業運動でしたが、やりがい搾取の構造に取り込まれ、農家を幸せにするどころか多くの農家を不幸に陥れてしまった。「いいや、私は充分に幸せだ」とお考えになる有機農業家の方も大勢いらっしゃ

ると は思いますが、本来、有機農業家は「もっと幸せ」で「もっと豊か」になってしかるべき、というのが私の考えです。
現代社会においては、換金可能なものに価値がある。だとしたら、社会を変えるのは運動ではなくビジネスではないか？　そこで始めたのが1本5000円レンコンの販売、すなわち農業におけるラグジュアリービジネスでした。普通に考えれば、こんな高い値段のレンコンが社会に受け入れられるはずがない。そこで思い立ったのが「ブランド化」でした。

「伝統」とはなんぞや

ブランドイメージの核を作るために使ったのが、歴史学や文化人類学、民俗学などで用いられてきた「伝統の創造」という理論です。どのような理論かというと、「伝統」なるものが実は近代以降に作られたものだと捉える考え方です。

伝統というと、一般的には「昔から変わらずに続いてきたもの」とお考えになるかと思います。「昔から変わらずに続いてきたからこそ、守らなければならない大切な文化なのだ」と。このような一般的な「伝統」概念からすると、「創られた伝統」というのはずいぶん矛盾した概念に聞こえるかもしれません。ずっと昔から続いてきたからこそ「伝統」なのに、そう遠くない過去に創られたならそれは「伝統」とは言えないのではないか、と。

実は、伝統という概念は、単に昔から続いてきた文化全てに用いられているわけではありません。伝統という言葉には、「これは古くから続いており、権威や正統性を持った守るべき文化なのだ」という歴史的な正統性についての主張が確実に含まれています。昔から続いているのにもかかわらず、「伝統」とは呼ばれず逆に「因習」や「迷信」とみなされて消失していく文化はいくらでもあります。

例えば、代表的な伝統芸能である歌舞伎ですが、現代風に言えばその始まりは単なる反体制のロックンロール。民衆に支持されることはあっても、当初は国として守るべき文化であったはずがありません。それが今や国として守るべき「伝統」であると祭り上げられているのです。歌舞伎に限りませんが、民俗学の観点から見てみると、現在は「伝統」とされているものの多くが、実は近代に入ってから脚色・捏造されたものを多分に含んでいることが分かります。そこで私は、このようないわば「先例」に従って、従来は価値がないものとされていた要素を「価値があるものである」と読み替えることができるのではないか、と考えたのです。

近年は、私の著書の影響も多少はあるのか、伝統を語る農家が非常に増えてきました。しかし、農業なんて所詮は3Kです。大昔から「生かさず殺さず」で懐柔され続けてきた貧乏農家ごときに、守るべき正統性を持った「歴史的な価値」など存在しないことは最初から分かっています。ましてや、代々レンコン栽培を営んできた農家は地域一の貧乏農家。そんなところに、歴史的な正統性など宿るはずがない。

伝統の創造という「はったり」を武器にする

それではなぜ、このような「はったり」をブランド化のための理論として用いたのか。「老舗」の表明がブランドを支える大看板になるだろうというような浅慮からではありません。それは、日本農業が永い年月をかけて培ってきた特徴を的確に表現する方法が「伝統」であると考えたからです。どういうことか。

ブランド化を支える最も重要な条件は、何より商品となる農産物の品質です。日本産の農産物の質が高いということはよく言われることですが、これまでも述べてきたように、このことには文化的・歴史的なコンテクストが存在します。

まずは農地面積と、戦後農業が置かれた制約です。日本の国土面積の狭さは言わずもがなですが、第1章でも述べたように、戦後の農業はＧＨＱによる農地改革の結果もあり、一農家あたりの農地がごく狭く区切られた状態からスタートしました。その結果、アメリカのような広大な農地に巨大な重機を用いて行う「粗放型農業」ではなく、狭い土地に労働リソースを重点的に投下して利益を上げる「労働集約型農業」が、日本の農業モデルになりました。個々の農家が零細で、かつ効率的に農業を営むことができる広大な農地も利用できないとなれば、個別の農産物の商品性や品質を高めることにより利益を上げるしかなかったのです。

このような制約に加えて、西洋との文化的な違いもあります。良く言われることかもしれませんが、西洋における自然が支配の対象であるのに対し、日本には自然と共生するという環境調和的な自然観が文化的ベースとして根付いています。この価値観は、一朝一夕で出来上がったものではありません。当然ながら、永い歴史の経過の中で作られてきた価値観です。

こうして日本の農家は「農作物と会話する能力」を身に着けていったのです。「農作物と会話する能力」とは、農作物が今何を欲しがっているか、目の前の作物がどのような品種であるのか等を、一目見るだけですぐに把握、判別するような能力と言い換えることもできます。

第3章でも論じたように、コンピューター管理で栽培しているカイワレ大根でさえ、その技術の中枢は機械管理のノウハウではなく、それを操作する農家自身の「ソフト」なのです。このような能力は、地理的・歴史的な制約はありながらも、狭い土地の中で何とか利益を上げようと植物と絶えず接し続けることで身に着いていったものです。

日本の農家はこれまで、このような側面を上手く用いた経営戦略によって、生き残りを図ってきました。すなわち大量生産・大量販売を前提とする近代化とは真逆の特徴を伸ばすことによって、経営を成り立たせてきたのです。大量生産のように思える米でさえ、「米の食味ランキング」に明らかなように、味などの品質を重要視しているのです。

ですから、私が「伝統の創造」を用いて何よりも行いたかったのは、古くからの日本の農業の特徴である農家特有の職人的な要素を「価値あるもの」として読み替えていくことだったのです。

第2章で述べたように、従来、「農作物と会話する能力」のような農家特有の職人的な要素を強調するのは、農業のビジネス性を軽視する思想を持った人々ばかりでした。

しかし、父親として子供たちを養い、会社役員として社員を雇用する立場にある私にとって、ビジネス性は絶対なのです。

一方、ビジネスを優先する農業において主流なのは、効率性や合理性を重視した農業です。しかし、そのような農業においては、「農作物と会話する能力」のような農家特有の技能や技術の重要性は、ほとんど一顧だにされてきませんでした。私は、この農家特有の技能・技術をビジネスに活かすことによって、レンコンの価格引き上げ、農業にはびこるやりがい搾取の解消、低い職業イメージの底上げなど、さまざまな課題を解決する糸口が見えるのではないかと考えたのです。

レンコンに１本５０００円という高額な価格設定を行うことにより、それまで社会的な価値など全く無かった農家の技能や技術に歴史的な正統性を与え、その価値を社会に認めさせようと考えたわけです。

ミカン農家が語った「技術」の本質

このような理屈を説明されても、身体的な技能や技術の具体的なイメージが湧きにくい読者もいらっしゃるかもしれません。「その価値のある農家の技能って、具体的にどういうこと?」と。

第1章で述べたように、農産物は国の研究機関により栽培技術が開発されていますから、農家は研究者が研究した科学的知見を盲目的に受け入れているだけ、と思われる方もいるかもしれません。稲やミカンのような重点的な研究がなされている重要作物であればなおさらです。

そこで、以下でひとつ具体的なエピソードを紹介しておこうと思います。愛媛県のトップ産地である八幡浜市真穴地区(かんきつ類生産における日本一の品質を誇る産地)のミカン農家であるM氏(仮名)へ行った、ミカン作りの技術についてのインタビューです。

野口　技術っていうのは研究所とかが考えるんですか?

M氏　果樹試験場、ミカンの試験場いうのが宇和島の近くにあるけどね。そういうところの人がもっぱら、そういう研究しよるわけや。

野口　でも、そういう研究者が言うのって、いくつか論みたいなのがあるじゃないですか?　それを採用するかどうかはどういうふうに決めるんですか?

M氏　それは農家がどう思うかよ。それは自分が納得するか、自分が作ってきた経験からね。それから、この地域は昔からミカン作ってたやろ。やから、親父とか、お袋とかに連れられて、小さい頃からずっとヤマ（ミカン畑）行っとったから。そういう自然にいうか、見よう見まねで見てたから、そういうところの人よりかは、農家の方がようミカンを見てるのよ。やから、言われたことは試してみるけど、納得できんことは、やっぱ取り入れんわ。樹によって性質も違うからね。全部が全部その通りにやれば良いってもんでもない。

M氏は、これまでのミカン作りの経験から、「納得のできない研究は取り入れない」というのです。これを裏打ちしているのは、永年ミカン栽培に従事することによって培われた、農家としての高い栽培技術です。

M氏に、ミカン農家にとっての技術とは何かと問うと、「剪定である」と断言しました。

野口　じゃあ、ミカン作りの一番の技術的核心って何ですか？　水の与え方なのか、肥料なのか。それとも、剪定なのか摘果なのか。葉っぱの採り方なのか。

M氏　剪定やろ。基本はね、そこから入るの。木の状態、木の形を整えてね、毎年ミカンを成らす。それで量とか玉の大きさが整いやすいのよ。あんまり込み合いすぎると色がつかないし。上級のものを作るのにはね、剪定抜きにしてはちょっとね。やから技術的に言うと、やっぱ剪定の技術、優先させなね。

野口　じゃあ、剪定はミカンの大きさに関わってくると？

M氏　それだけやのうて、あんまり枝を切ってしまうとミカンが成らんのよ。ミカンは常緑の隔年結果やから、落葉果樹とかと違うて、前年伸びた枝に花がつくのが性質やから。やから、剪定だけじゃのうて、摘蕾（てきらい）というのもやるんやけど。

野口　摘蕾？

M氏　昨年成った樹は今年は花がつかんから、実が成らんけんね。去年、全然成ってないやつはべたべたに花が来る。花をちぎったらその枝は来年成るいう約束ができるから、花だけちぎるが。つぼみの時に。そしたら翌年成ると。つぼみは米粒ぐらいやからめんどくさいのう。やけど効果は抜群よ。

片枝成らして片枝休ますと。1年後に片方の枝が成るがの。そしたら毎年成りよるが。やけど、枝が伸びただけではいかんばって、樹全体を見て、枝を短くしてね。あんまり切ってしまうと、翌年に成る枝がなくなるから、来年再来年も考えてないといけん。その繰り返しをやりよると、樹のバランスがとれてくるわけ。

やっぱ上手いのは、365日ヤマ行きよる人よ。ずっとミカンを見てる人。やけど個人差もある。腕持った人は剪定の仕方が微妙に違うし、感性かのう、そういう人は。観察眼も良いんやろうけど。上手な人、下手な人はあるよ、やっぱりそれは。何年やってもね。レンコンだってそうやろ？

野口　もちろんそうですね。でも、この地域のミカン農家って、上手い下手とか言っても、大半が（ミカン栽培が）上手いじゃないですか。平均としてみんな技術が高いじゃないですか。

M氏　それは、そういう上手い人が居たら見に行くからや。見に行って教えてもらうし。他県であっても。そういうところを見てきたら、集会を開いて。勉強会言うか。若い連中らは、集会や言うたら、そういう勉強会があったら、みんな集まったわけよ。あとは、飲み屋でやけど。そういうところで話し合って。全部が真似できる言うたら、それは難しいかもしれんが、できるだけ上手い人の真似をしてな。

野口　そういう、自分たちが経験されたことを、また子供たちや若い世代の方に伝えたと？

M氏　それはもちろんそうや。

ミカンには、一度実をつけた枝には、翌年は実が成らない（隔年結果）という性質があります。ですから、毎年同じ程度の量で、なおかつ高品質なミカンを成らせるためには、剪定を通した調整が必要不可欠になります。基本的には実をつけた枝は剪定して切り落とし、新しい芽を出させ、翌年にミカンが成る枝へと育てます。

ただ、あまりに枝が込み合いすぎてもミカンに日光が当たらなくなったり、玉の大きさが小さくなったりする等の問題が生じます。このため、剪定して出てきた新芽から育った枝を全て残すという機械的な対応ではなく、全体の樹勢を見ながら、翌年や翌々年のことまで見越してバランスをとるのが重要だと言います。

さらに、剪定だけでなく、摘蕾という技術を用いています。受粉して実を成らさせずにつぼみの内に花を摘んでしまうと、その年にはミカンが成らない。ただ、その枝を翌年まで温存すると、そこには翌年も必ず花が咲いてミカンが成る。その性質を利用した技術です。枝そのものを切ってしまうと翌年はミカンを成らすことができないため、枝を切らずにつぼみを摘むことで対応するのです。

このインタビューには出てきませんでしたが、実際には1本の枝に茂らせる葉の数なども調整しています。葉は光合成をして栄養分を生産する役割を担うために必要不可欠ですが、葉を育てすぎると養分が実ではなく葉を作るために使用されてしまいますし、日照不足の原因にもなるからです。

農家の中で身体化された「ソフト」

農家のミカン栽培の技術がどれほど複雑で高度であるかはお分かりいただけたと思いますが、ここで紹介したのはほんの基本的なものです。このような技術は、M氏が言うように、毎日ミカン畑を見に行くことで身に着くものです。

第3章でご紹介したカイワレ栽培の花岡氏も同じことを言っていましたが、何よりも「畑に行く」ことが重要なのです。当然ながら、周囲のミカン農家や親などからの見よう見まねで身に着けていく側面が多いことも言うまでもありません。それに加えて、最後に個人の感性が求められるわけです。

本書では技術と技能を同じものとして扱ってきましたが、これらは本来微妙に違うものです。技能とは、人間の持つ個人的な行為・能力を表し、一般的に主観的なものとされます。一方、技術は社会の中で普遍性や一般性を有している知識です。ですから、農家個人の感性は、厳密に言えば技術ではなく技能です。

しかしミカン生産農家は、そのような技能を単に個人の特異な能力にとどめず、勉強会などを通して同じ生産地はもちろん、日本全国のミカン生産者で共有しているわけです。ですから、ミカン農家たちは、個人の持つ技能を普遍性を有した知識に昇華させることで、個人の主観的な技能を超えた技術として共有しているのです。

もちろん、この事例はミカンだけではありません。あらゆる作物に通底する側面です。時には天賦の才能さえ必要とする農家の技能が、集落全体で共有されるだけでなく、他の生産地にも伝わっているのです。それは必ずしも言語的な知識として共有されていることはないかもしれません。しかし、そうであるがゆえに、科学に回収されたり恭順したりすることはありませんでした。

いうなれば、農家はそのような知識を、身体の中に埋め込んできた（身体化）わけです。これこそが、第3章で花岡氏が語った農家の持つ「ソフト」の正体でしょう。

農作物の「価値」そのものを作る

農家にとっての技術は言語化されない身体知であるがゆえに、これまで社会から等閑視され続けてきました。確かに、事例として挙げた真穴みかんは産地として全国的にも有名であり、高級ミカンの代名詞です。需要低下と大衆化によってミカンの価格が下がってきているとは言え、相対的には価格転嫁がなされている商品です。しかし、評価の対象とされているのはミカンの美味しさや品質の高さだけ。ミカン農家に限らず、農家の持つ技術や技能に対して、社会的価値が伴っているわけではないのです。

だからこそ私は、1本5000円という常識はずれな高額レンコンを販売しつつ、そのような高品質なレンコンの背景にある農家の技術力にこそ価値があると、社会に対して見せ続けてきたのです。現代社会においては、価格が高いということが社会的な価値とイコールです。人々が憧れるような高いものを生産し、そして販売している事実の中にこそ価値が宿るものなのです。

前著を出版して以降、野口農園のレンコンがどれくらい美味しいのか食べてみたいと言われることが増えました。私は、野口農園のレンコンの味には絶対の自信があります。

味に自信のない不味いレンコンを、ミシュラン星付きレストランに納品したり、海外の高級店に輸出したりできるはずがありません。敢えて表現すれば、野口農園のレンコンは春雪を思わせるような柔らかな歯ざわりを持ち、バーボンウイスキーを思わせる芳香を放ちます。サクッと嚙んだ時の甘みは、和三盆を思わせるような爽やかさです。

しかし、野口農園は「美味しいレンコン」を作っているわけではないのです。味覚は必ずしも客観的な指標ではありません。何を美味しいと感じるかは、人によって異なります。私が作ろうとしているのは、「野口農園の作るレンコンこそが美味しいレンコンである」という、レンコン自体の価値なのです。野口農園の作るレンコンこそが美味しいレンコンの基準であり、一流の野菜の基準なのだということを社会に訴え続けているのです。

その基準とは、これまで日本社会において等閑視されてきた、代々の農家が永い年月をかけて培ってきた農家としての高い技術と技能です。誰よりも卓越した技術を誇るのは、目利きとされる高級青果店やデパートのバイヤーではなく農家なのだという価値観を作り続けているのです。

仮に、ＡＩを用いた完全オートメーションの植物工場によって、栄養価も高く、甘みや渋みなどの味も安定した野菜が出来たとします。しかし私は、それを一流の野菜とは言いません。農家が愛情をこめて栽培した農産物こそが価値のある農産物なのだ、という価値を社会に訴え続けているからです。

日本の農業にとって必要な「農業の価値」

私たちはなぜ特別な日にワインを飲もうとするのでしょうか？　大切な人の誕生日にワインを開けようとするのはなぜでしょうか？　その理由は、ワインが華やかで特別な飲み物だという価値観が存在しているからです。そのようなワインの価値を守る最高峰の存在が、ロマネ・コンティです。高価で高い記号的な価値を持つロマネ・コンティが頂点に存在することで、ワインの有する様々な価値が裾野に向かって拡がっていき、再生産されていくのです。

翻って日本の農業には、社会的な価値はほとんど認められていません。日本農業界は単なる食糧生産係の役割を振られ続けてきました。そして、その高い品質にふさわしくないほどの安売りを、あまりに長く続けすぎました。それだけではありません。全体的に高い品質の中にある、さらなる高い品質の違いを、農家はほとんど主張してきませんでした。仮に主張したとしても、それが社会に認められることはほとんどなかったのです。

一般的には品質の違いなど新鮮さにある程度にしか考えられていないような作物の代表格であるキャベツの中にも、品質の違いが存在しています。しかし、その違いは値段に考慮されません。農産物の世界では、スーパーカーと軽自動車が同じ価格で販売されているのです。

安価な価格帯の商品は必要ない、などと言いたいのではありません。高額な価格設定の農産物だけで社会が維持できるはずがありません。しかし、日本農業はあまりにも長く安価な商品ばかりを生産し続けてきたことで、深刻な袋小路に入り込んでしまったのです。

そこから抜け出すには、安価な価格設定の農産物マーケットに加え、中間的な価格設定、高額な価格設定の農産物マーケットを構築していくことが重要であると考えています。農産物の価格帯をピラミッド構造化することです。高価な価格帯の商品設定の農産物の存在が、安価な農産物の価値も守っていくことになるからです。

そしてこのことが、農家の持つ高度な技能や技術の社会的価値を向上させ、ひいては農業の価値を向上させることにつながるのです。その価値が広く認められれば、農産物輸出政策の将来展望の好転にもつながりますし、農業の抱える様々な問題を解決する糸口にもつながっていくでしょう。このことを結論として本章を閉じたいと思います。

おわりに

本文中にも記した通り、私は幼い頃より農業を営む両親から「農業は惨めな仕事だ」と言われながら育てられてきました。高校生になった頃には、友人に両親の職業を隠したりもしました。幼い頃の私は、そんな惨めさ、恥ずかしさの理由は貧しさだと思っていましたが、次第にそれだけではないことに気づきました。問題は、所得の多寡にかかわらず、農業という職業には社会的価値が認められていないことにある。それをどうするか。これが私の農業に関する問題意識の根幹となりました。

社会的価値を認めてもらうには、イメージ戦略として、表面的な見た目を改善する必要があるのではないかと考えたこともありました。最近流行のオシャレな農作業着と同一線上の方法論です。

もう一つ考えたのは、作業の軽減です。少しでも作業を軽くして、農業のつらさを減らす。近代農業から、近年流行のスマート農業や植物工場へと流れる方法論です。

しかし、こうしたやり方は農業の本質的な価値向上とは何一つ関係がないばかりか、むしろ農業の価値を棄損する方法論なのではないかと考えるようになりました。農業の本質的な特徴を軽視し、時には隠そうとする方法論であると気づいたからです。第6章で説明したデオドラントスプレーの例のように、農家に一時的な幸せをもたらすかもしれませんが、結果的にはむしろ農業のマイナスイメージを強化してしまう。そのことに気づいてしまったのです。

最も分かりやすいのがスマート農業です。スマートとは洗練されて賢いことや素早さを意味しますが、日本語ではこれらの意味から転じてカッコいいという意味も含んでいます。逆に言えば、スマート農業を用いない普通の農業は、野暮ったくてバカで愚鈍でカッコ悪い、ということになります。

しかし、プロの職業人として本当に大切な仕事は、バカみたいに野暮ったく、愚鈍でカッコ悪く、泥臭い作業であることがほとんどでしょう。このような仕事に対して真摯に向き合う姿勢を抜きにして、素晴らしい成果が花開いた事例を私は一つとして知りません。本書で示したカイワレ農家やミカン農家の事例がそうであるように、このことは農業においても全く変わりがない。このような仕事抜きに、高品質な農作物が栽培されることはあり得ません。しかし、日本の大半の農家はこれまで、このような真摯な仕事に努めてきたにもかかわらず、ほとんど社会からの尊敬を得られずに来たのです。

表面的なイメージ戦略に有効性があるのは確かです。また、大変な農作業の労働力の軽減も重要です。お金が儲かることが重要であるのは言うまでもない。高級外車を乗り回すような羽振りの良い農家が増えれば、それに憧れる人々も少なからず増えるでしょう。しかし、このような方法論は農業の本質的な価値向上にはなんら寄与しません。

現在の支配的な価値観においては四面楚歌のような状況にある農業が、社会の中での価値を向上させるためにはどうしたら良いのか。プロの職業人として自分の仕事に対して自信を持ち、自己実現を果たし、仕事それ自体が社会から尊敬され、かつ高い収入を得るにはどうしたら良いのか。しかも、農家は身近な自然環境を守り、自然の大切さを伝えるという社会的な使命も帯びています。私は、本書を通して、そのための方法を考えてきました。本書で示した内容が、日本の農業の行く先を示す一つの道標になればと願ってやみません。


私は今年（2021年）、5万円のレンコンの販売に加え、高品質な農産物のラグジュアリーブランドを構築すべく、別の新たな試みも始めました。目指すのは、厳選された日本の農作物を海外に届けるとともに、日本産の最高級農産物マーケットを世界的に確立させること。このために「柳蓮田（YANAGIDA）」というブランドを立ち上げました。農家発のラグジュアリー農産物ブランドです。

この試みは、私や野口農園だけでは成し遂げられません。レンコンなら最高のものを作れる自信がありますが、他の作物ではそうはいきません。本書で何度も語ってきたように、農家の高度な栽培技術はそう簡単に身に着くものではありません。そこで、作物ごとに全国から一流の農作物を作る農家を募り、ともにブランドを作り上げることを構想しています。

そして将来的には、利益の一部をコロンビアのコーヒー農家やガーナのカカオ農家など、世界中で苦しんでいる我々の同胞たちに投資したいと思っています。世界の農家の生活を豊かにし、彼らが自分たちの仕事に自信を持って働ける環境を作ることに少しでも貢献することが、このプロジェクトの最終目標です。

この試みには既に、私の考え方に共感していただいた佐藤潤一さん（栃木／アスパラガス）、竹野覚士さん（山梨／ブドウ全般）、添田潤さん（京都／万願寺とうがらし）という仲間に正規のメンバーとして加わっていただいています。まだまだ海のものとも山のものとも分からない試みに、真っ先に協力してくださった三人には、この場を借りて謝意を表したいと思います。

本書には、私が日本大学大学院に入学し、研究者を志して「農業の価値」についての思索を始めて以来、今日に到るまでの研究成果の多くが注ぎ込まれています。学術書という形式ではなく、多くの読者の方の手に届く新書という形で出版することができたことは望外の喜びです。様々な形でお世話になった日本大学の皆様には、この場を借りてお礼を申し上げたいと思います。本書には、日本大学文理学部若手特別研究員として2年間選任いただいた研究成果が含まれていることは、特記しておきたいと思います。

前著に引き続き、深夜まで議論に付き合っていただいた専修大学の三宅秀道先生と、編集を担当していただいた新潮社の横手大輔さんにお礼を申し上げます。二人のお力添えがなければ本書が完成することはありませんでした。

また、本書はこれまでの私の研究活動を通して実践した、農家の方たちに対する多くのインタビュー調査によっても支えられています。紙幅の関係もあり、一人ずつお名前を出すことはできませんが、インタビューに応じていただいた皆様には心からの感謝の意を表したいと思います。特に、本書の第3章で取り上げた三和農林の花岡博治氏には、農家の長男に生まれながら農業の奥深さや魅力などについて語る言葉を持たなかった私に、それらを真正面から教えていただいたことに深く感謝しています。

第3章の文章は、日本民俗学会第69回年会シンポジウム「民俗学とは何か―京都で考える民俗学のかたち―」において、パネリストの一人として登壇させていただいた際の資料とスピーチ原稿を修正したものです。当該シンポジウムの代表としてお声がけをいただいた関西学院大学の島村恭則先生、コメンテーターとしてコメントをいただいた京都産業大学の村上忠喜先生、ならびに一緒に登壇させていただいた諸先生方にお礼を申し上げます。

そして様々な面で私を支えてくれている両親や妹、野口農園の従業員の皆様、お取引先の皆様にもお礼を申し上げたいと思います。本書を執筆するにあたって、このような様々な方たちとの日々の関わりが重要であったことは言うまでもありません。

最後になりましたが、二人の娘と息子、そして誰よりいつも私を支えてくれている妻に感謝し、本書を閉じたいと思います。いつも支えてくれてありがとう。そして、これからもよろしく。

生まれ育った茨城県かすみがうら市にて　２０２１年12月　野口　憲一

参考文献

阿部真大『搾取される若者たち―バイク便ライダーは見た!―』集英社新書、2006年

池上甲一「日本農村の変容と『二〇世紀システム』―農村研究再発見のための試論―」日本村落研究学会編『年報村落社会研究 第36集 日本農村の「20世紀システム」―生産力主義を超えて―』、農山漁村文化協会、7-53頁、2000年

石川准『アイデンティティ・ゲーム―存在証明の社会学―』新評論、1992年

石川准『人はなぜ認められたいのか―アイデンティティ依存の社会学―』旬報社、1999年

今村仁司『仕事』弘文堂思想選書、1988年

今村仁司『近代の労働観』岩波新書、1998年

内田樹・藤山浩・宇根豊・平川克美『「農業を株式会社化する」という無理―これから

の農業論―』家の光協会、2018年
内山節『自然と労働―哲学の旅から―』農山漁村文化協会、1986年
内山節『自然と人間の哲学』岩波書店、1988年
宇根豊『減農薬のイネつくり―農薬をかけて虫をふやしていないか―』農山漁村文化協会、1987年
宇根豊『「百姓仕事」が自然をつくる―2400年めの赤とんぼ―』築地書館、2001年
宇根豊『百姓学宣言―経済を中心にしない生き方―』農山漁村文化協会、2011年
宇根豊『農本主義へのいざない』創森社、2014年
宇根豊『愛国心と愛郷心―新しい農本主義の可能性―』農山漁村文化協会、2015年
大久保武「都市の社会運動から再考する、『有機農業運動』の意義と限界―等閑視された『有機農業』のイデオロギー―」『地域社会学会年報』22、157-161頁、2010年
大野和興『日本の農業を考える』岩波ジュニア新書、2004年
鬼頭秀一『自然保護を問いなおす―環境倫理とネットワーク―』ちくま新書、1996

年
神門善久『日本農業への正しい絶望法』新潮新書、2012年
国民生活センター編『日本の有機農業運動』日本経済評論社、1981年
佐藤弘『宇根豊聞き書き　農は天地有情』西日本新聞社、2008年
三里塚微生物農法の会、ワンパック・グループ編『たたかう野菜たち』現代書館、1981年
篠原徹『自然を生きる技術―暮らしの民俗自然誌―』吉川弘文館、2005年
菅豊「深い遊び―マイナー・サブシステンスの伝承論―」篠原徹編『現代民俗学の視点1　民俗の技術』朝倉書店、217-246頁、1998年
杉浦敏子『ハンナ・アーレント入門』藤原書店、2002年
武田晴人『仕事と日本人』ちくま新書、2008年
竹宮惠子『エルメスの道』中公文庫コミック版、2000年
暉峻衆三『日本の農業150年―1850~2000年―』有斐閣、2003年
徳野貞雄「農業における環境破壊と環境創造」鳥越皓之編『講座 環境社会学 第3巻 自然環境と環境文化』有斐閣、105-132頁、2001年

徳野貞雄『生活農業論―現代日本のヒトと「食と農」―』学文社、2011年
鳥越皓之『環境社会学―生活者の立場から考える―』東京大学出版会、2004年
日本有機農業研究会編『有機農業ハンドブック―土づくりから食べ方まで―』日本有機農業研究会、1999年
沼澤典史「『植物工場』が普及しない本当の理由とは」『DIAMOND Online』2021年9月24日
野口憲一「〈産業としての農業〉を営むという実践を理解する―徳島県におけるレンコン生産農業の事例から―」『日本民俗学』285、日本民俗学会、57-77頁、2016年
野口憲一「『書評』村上利夫著『戦後稲作技術史―その技術普及過程・福井県若狭地方の事例―』」『農業普及研究』23（1）、農業普及学会、106-109頁、2018年
野口悠紀雄『戦後日本経済史』新潮選書、2008年
原山浩介「喪失の歴史としての有機農業―「逡巡の可能性」を考える―」池上甲一、岩崎正弥、原山浩介、藤原辰史『食の共同体―動員から連帯へ―』ナカニシヤ出版、119-176頁、2008年

久松ゆのみ漫画・塚田朋子監修『コミック版世界の伝記19　ココ・シャネル』ポプラ社、２０１２年
福田克彦『三里塚アンドソイル』平原社、２００１年
舩戸修一「有機農業と生産者の観察力―成田・三里塚『循環農場』の事例から―」『年報社会学論集』17、１３２-１４３頁、２００４年
桝潟俊子・松村和則編『シリーズ環境社会学五―食・農・からだの社会学―』新曜社、２００２年
桝潟俊子『有機農業運動と〈提携〉のネットワーク』新曜社、２００８年
桝潟俊子・谷口吉光・立川雅司編『食と農の社会学―生命と地域の視点から―』ミネルヴァ書房、２０１４年
松井健「マイナー・サブシステンスの世界―民俗世界における労働・自然・身体―」篠原徹編『現代民俗学の視点１　民俗の技術』朝倉書店、２４７-２６８頁、１９９８年
松村和則・青木辰司編『有機農業運動の地域的展開―山形県高畠町の実践から―』家の光協会、１９９１年
三宅秀道『新しい市場のつくりかた』東洋経済新報社、２０１２年

安室知・古家晴美・石垣悟『日本の民俗4―食と農―』吉川弘文館、2009年
山口昌子『ココ・シャネルの真実』講談社+α文庫、2016年
山下一仁『農協解体』宝島社、2014年
山下一仁『いま蘇る柳田國男の農政改革』新潮選書、2018年
山田登世子『シャネル―その言葉と仕事の秘密―』ちくま文庫、2021年
吉田忠則「『夢の植物工場』はなぜ破綻したのか―『低コスト』の幻想をうち破れ!―」『日経ビジネスONLINE』2016年9月30日
ハンナ・アレント(志水速雄訳)『人間の条件』ちくま学芸文庫、1994年
エイミー・グプティル、デニス・コプルトン、ベッツィ・ルーカル(伊藤茂訳)『食の社会学―パラドクスから考える―』NTT出版、2016年
ジャン・ボードリヤール(今村仁司・塚原史訳)『消費社会の神話と構造　新装版』紀伊國屋書店、2015年
エリック・ホブズボウム、テレンス・レンジャー編(前川啓治、梶原景昭他訳)『創られた伝統』紀伊國屋書店、1992年
カール・マルクス(長谷川宏訳)『経済学・哲学草稿』光文社古典新訳文庫、2010年

【柳蓮田プロジェクトについて】

本文中に記載したプロジェクトに関心のある方は、柳蓮田WEBサイト（https://www.yanagida-group.jp）からお問い合わせください。主に農業を営む経営体であれば組織体の性格（個人、JA、任意団体、株式会社など）は問いません。

よろしければ、本書や前著『1本5000円のレンコンがバカ売れする理由』の感想なども添えていただけますと嬉しく思います。

なお、本プロジェクトのWEBサイトは（株）野口農園のホームページとは異なりますのでご注意ください。

野口憲一　1981年茨城県生まれ。民俗学者、株式会社野口農園取締役。日本大学大学院文学研究科社会学専攻博士後期課程修了、博士(社会学)。著書に『1本5000円のレンコンがバカ売れする理由』。

Ⓢ新潮新書

935

「やりがい搾取(さくしゅ)」の農業論(のうぎょうろん)

著者　野口憲一(のぐちけんいち)

2022年1月20日　発行

発行者　佐藤隆信

発行所　株式会社新潮社

〒162-8711　東京都新宿区矢来町71番地
編集部(03)3266-5430　読者係(03)3266-5111
https://www.shinchosha.co.jp
装幀　新潮社装幀室
組版　新潮社デジタル編集支援室

印刷所　株式会社光邦

製本所　株式会社大進堂

© Kenichi Noguchi 2022, Printed in Japan

乱丁・落丁本は、ご面倒ですが
小社読者係宛お送りください。
送料小社負担にてお取替えいたします。

ISBN978-4-10-610935-5 C0261

価格はカバーに表示してあります。

Ⓢ新潮新書

808
1本5000円のレンコンがバカ売れする理由
野口憲一

民俗学者となった若者が、学問の力を応用して実家のレンコン農家を大変革！　「ブランド力最低」の茨城県から生まれた、日本農業の可能性を示唆する「逆張りの戦略ストーリー」。

488
日本農業への正しい絶望法
神門善久

「有機だから美味しい」なんて大ウソ！　日本農業は良い農産物を作る魂を失い、宣伝と演出で誤魔化すハリボテ農業になりつつある。徹底したリアリズムに基づく農業論。

538
キレイゴトぬきの農業論
久松達央

有機が安全・美味とは限らない。農家イコール清貧な弱者ではない。有機野菜を栽培し、独自のゲリラ戦略で全国にファンを獲得している著者だから書けた、目からウロコの農業論。

922
ビートルズ
北中正和

グループ解散から半世紀たっても、時代、世代を越えて支持され続けるビートルズ。音楽評論の第一人者が、彼ら自身と楽曲群の地理的、歴史的ルーツを探りながら、その秘密に迫る。

923
イルカと心は通じるか
海獣学者の孤軍奮闘記
村山　司

船に乗れない生物学者が水族館通い、三十余年の実験で迫った驚異の賢さとは。言葉を教えるには音？　視覚？　シャチが実験に飽きた？　たどりついた「夢のはじまり」を一挙公開。

Ⓢ新潮新書

920
甲子園は通過点です
勝利至上主義と決別した男たち
氏原英明

「メジャーリーグを目指しているので、頑張るのはこの試合じゃない」。球数制限、科学的トレーニング、丸坊主廃止など、将来を見据えて新たな取り組みを始めた当事者たちの姿を追う。

825
野球消滅
中島大輔

はびこる根性論、不勉強な指導者、いがみ合うプロとアマ……。このままでは、プロ野球興行すら危うくなる。現場を歩き続けるノンフィクション作家が描いた「不都合な真実」。

907
現役引退
プロ野球名選手「最後の1年」
中溝康隆

長嶋、王、江川、掛布、原、落合、古田、桑田、清原など、24人のラストイヤーをプレイバック。全盛期に比べて、意外と知られていない最晩年の雄姿。その去り際に熱いドラマが宿る！

924
世界の知性が語る「特別な日本」
会田弘継

近現代日本は世界にとって如何なる存在だったのか。リー・クアンユー、李登輝、オルハン・パムクらにインタビューし、「日本の達成」に対する彼らの特別な思いに迫る。

918
楽観論
古市憲寿

絶望って、安易じゃないですか？　危機の時代、過度に悲観的にならず生きるための、「あきらめながらも、腹をくくる」「受け入れながらも、視点をずらす」古市流・思考法。

Ⓢ新潮新書

913
決定版
大東亜戦争（上）
波多野澄雄　赤木完爾
川島真　戸部良一
松元崇
正しく「大東亜戦争」と呼称せよ――。当代最高の歴史家たちが集結、「あの戦争」の全貌を描き出す。二分冊の上巻では開戦後の戦略、米英ソ中など敵国の動向、戦時下の国民生活に迫る。

914
決定版
大東亜戦争（下）
戸部良一　赤木完爾
庄司潤一郎　川島真
波多野澄雄　兼原信克
日増しに敗色が濃くなる中での戦争指導、終戦とその後の講和体制構築、総力戦の「遺産」と「歴史の教訓」までを詳述。当代最高の歴史家による「あの戦争」の研究、二分冊の下巻。

912
ビジネス戦略から読む美術史
西岡文彦
フェルメールの名画は「パン屋の看板」として描かれた⁉　美術の歴史はイノベーションの宝庫だ。名作の背後にある「作為」を読み解けば、「目からウロコ」がボロボロ落ちる！

901
自衛隊最高幹部が語る令和の国防
岩田清文　武居智久
尾上定正　兼原信克
台湾有事は現実の懸念であり、尖閣諸島や沖縄も戦場になるかも知れない――。陸海空の自衛隊から「平成の名将」が集結、軍人の常識で語り尽くした「今そこにある危機」。

903
どうしても頑張れない人たち
ケーキの切れない非行少年たち2
宮口幸治
彼らはサボっているわけではない。頑張れないがゆえに、切実に助けを必要としているのだ。困っている人たちを適切な支援につなげるための知識とメソッドを、児童精神科医が説く。

Ⓢ新潮新書

894
検閲官
発見されたGHQ名簿
山本武利

敗戦後、あらゆる言論が検閲された。GHQに雇われた日本人エリートたちによって――。著者の発掘した名簿や、経験者の証言等、一次資料から浮かび上がってくる戦後裏面史。

896
ロシアを決して信じるな
中村逸郎

北方領土は返還不可、核ミサイルの誤作動、ありふれた暗殺、世界最悪の飲酒大国、「偽(にせ)プーチン」説の流布……第一人者が不可思議な現地体験で驚愕し、怒り、嗤(わら)いつつ描く、新しいロシア論。

892
兜町の風雲児
中江滋樹　最後の告白
比嘉満広

カネは、両刃の剣だよ……投資ジャーナル事件、巨利と放蕩、アングラマネー、逃亡生活、相場の裏側……20代にして数百億の金を動かした伝説の相場師、死の間際の回想録。

887
半グレ
反社会勢力の実像
「NHKスペシャル」取材班

「自分は絶対に捕まらないですよ」。人材養成、手口、稼ぎ方……分厚いベールに包まれた組織の実態を、当事者たちが詳細に語る。『NHKスペシャル』待望の書籍化!!

882
スマホ脳
アンデシュ・ハンセン
久山葉子訳

ジョブズはなぜ、わが子にiPadを与えなかったのか？　うつ、睡眠障害、学力低下、依存……最新の研究結果があぶり出す、恐るべき真実。世界的ベストセラーがついに日本上陸！

新潮新書

885
ブラック霞が関
千正康裕

朝七時、仕事開始。二七時二〇分、退庁。官僚のブラック労働を放置すれば、最終的に被害を受けるのは我々国民だ。霞が関崩壊を防ぐ具体策を元厚労省キャリアが提言。

879
「池の水」抜くのは誰のため？
暴走する生き物愛
小坪 遊

外来種退治、放流、餌やり――その善意は、悲劇の始まりかもしれない。人気テレビ番組の盲点から自称プロ、悪質マニアの暗躍まで、知られざる〝生き物事件〟を徹底取材。

874
コンビニは通える引きこもりたち
久世芽亜里

「9割近くは外出している」「不登校がきっかけは2割以下」「半数近くは7年超え」――。親は、社会は、何をすればいいのか。激変する昨今の引きこもり事情とその支援法を徹底解説。

867
日本人はなぜ自虐的になったのか
占領とWGIP
有馬哲夫

罪悪感を植え付けよ！　メディアを総動員し、法や制度を変え、時に天皇まで利用――占領軍が展開した心理戦とWGIPとは。公文書研究の第一人者が第1次資料をもとに全貌を明かす。

862
歴史の教訓
「失敗の本質」と国家戦略
兼原信克

なぜ戦前の日本は、大きな過ちを犯したのか。「官邸外交」の理論的主柱として知られた元外交官が、近代日本の来歴を独自の視点で振り返り、これからの国家戦略の全貌を示す。

Ⓢ新潮新書

852
習近平vs.中国人
宮崎紀秀

一党独裁の強まる中国でも「個人」を貫く人たちはたくさんいる。その存在は共産党体制への「アリの一穴」となるのか。在北京のジャーナリストが描いた中国社会「むき出しの現実」。

854
トラックドライバーにも言わせて
橋本愛喜

幅寄せ、路駐、急ブレーキ……公道上でとかく悪者にされるトラックとドライバー。でも彼らには〝深い事情〟があるのをご存知？　元ドライバーの著者が徹底解説。

847
マトリ
厚労省麻薬取締官
瀬戸晴海

「俺たちは、猟犬だ！」密輸組織との熾烈な攻防、「運び屋」にされた女性の裏事情、薬物依存の家族の救済、ネット密売人の猛追……元麻薬取締部部長が初めて明かす薬物犯罪と捜査の実態。

832
君主号の世界史
岡本隆司

古代中国、ローマから、東洋と西洋が出会う近代に至るまで、君主号の歴史的変遷を一気に概観。いま最も注目の世界史家が、ユーラシア全域の視点で世界史の流れをわしづかみにする。

820
ケーキの切れない非行少年たち
宮口幸治

認知力が弱く、「ケーキを等分に切る」ことすら出来ない——。人口の十数％いるとされる「境界知能」の人々に焦点を当て、彼らを学校・社会生活に導く超実践的なメソッドを公開する。

Ⓢ新潮新書

822 憲法学の病 篠田英朗

「憲法学通説」の正体は、法的根拠のない反米イデオロギーだ！　東大法学部を頂点とする「ガラパゴス憲法学」の病理を、平和構築を専門とする国際政治学者が徹底解剖する。

817 フィンランドの教育はなぜ世界一なのか 岩竹美加子

高い学力はシンプルな教育から生まれた——テストも受験も、部活も運動会も、制服もなし、教科書は置きっ放し、それでなぜ？　どうして？　その秘密、教えます。

809 パスタぎらい ヤマザキマリ

イタリアに暮らし始めて三十五年。世界にはもっと美味しいものがある！　フィレンツェの貧乏料理、臨終ポルチーニ、冷めたナポリタン、おにぎりの温もり……胃袋の記憶を綴るエッセイ。

793 国家と教養 藤原正彦

教養の歴史を概観し、その効用と限界を明らかにしつつ、数学者らしい独自の視点で「現代に相応しい教養」のあり方を提言する。大ベストセラー『国家の品格』著者による独創的文化論。

785 米韓同盟消滅 鈴置高史

北朝鮮に宥和的な韓国の本音は「南北共同の核保有」に他ならない。米韓同盟は消滅し、韓国はやがて「中国の属国」になる——。朝鮮半島「先読みのプロ」が描く冷徹な現実。